ABA
入门

三步解决
学生问题行为

[日] 大久保贤一 / 著
任文心 秋爸爸 / 译

3ステップで行動問題を解決する
ハンドブック
小・中学校で役立つ応用行動分析学

华夏出版社
HUAXIA PUBLISHING HOUSE

中文版推荐序

日本与中国一衣带水，两国关系源远流长，文化交流密不可分。日本从古代起就以中国为师，接受华夏文明各方面的滋养，但到了近代，随着西方文明的进入，两国走上各自不同的发展道路。明治维新之后的日本全面、彻底地向西方优秀者学习，快速崛起成亚洲乃至世界的先进国家，而同一时期的中国却徘徊在守旧与变法的抉择中，长时间处于发展中国家行列，直到改革开放才取得巨大的发展成就。

中日文化交流方向也从近代开始起了变化，大量现代化的概念和知识从日本传入并逐渐融入华夏文化中，一个典型例子就是现代汉语中引入了大量的日语汉字词汇，其中就包括"自闭症"这个词。这类词汇数量之多，范围之广，程度之深，已经与现代汉语融在了一起，有力地促进了"西学"的传播，对中国走向现代化的进程起到了巨大的推动作用。

我从少年时期开始就有像《铁臂阿童木》这样的日本动画片陪伴，大学的专业学习中也直接接受过日本教授的指导。我家秋妈一直在日企工作，怀秋歌、秋语时，她看的孕产指导书也是一本日本译作，其图文并茂的排版风格，科学严谨且贴近生活的内容，解决了我家从孕前到孩子生长至一岁这期间的各方面的问题。

进入孤独症圈子之后，同样地，我很早就看到了日本的特殊教育资料，印象最深的是前辈旅日家长王宁翻译的柚木馥、白崎研司所著的《发育障碍儿童诊断与训练指导》，这本全面而细致的教育指导书，在二十年前资料匮乏的年代，对我们家长的指导意义重大。孤独症圈里有很多在日华人家长，在多年的网上交流中，他们向我介绍了很多日本优秀的行为干预图书，我翻看之后感觉很棒，于是挑选了几本优秀的实战指导用书，约请几位在日的华人家长翻译成中文，他们都有一颗同命相连的助人之心，乐意奉献出自己的一份力量，希望这些清晰生动的实战书籍能帮助到国内的家长。

最初我们选译了四本应用行为分析（Applied Behavior Analysis，ABA）入门图书，它们分别侧重于四个干预方向，覆盖不同的孤独症干预应用阶段，国内家长参考其中的内容，都能迅速学习上手，付诸实践。

《早期密集训练实战图解》是一本指导家长进行 ABA 实操训练入门的生动的图解书，用于帮助家长启动居家干预训练。

《影子老师实战指南》是一本指导家长或者影子老师在幼儿园或小学集体环境中，运用 ABA 技术帮助孩子融合成长的实战方案用书。

《家庭干预实战指南》是一本指导家长在居家环境中，从 ABA 的视角看待孤独症行为特征，全面开展居家干预的指南用书，该书着重讲解了家长在日常生活中帮助孩子进步的方法。

《成人安置机构 ABA 实战指南》是一本针对大龄孤独症孩子的 ABA 干预策略实战指南，以实战案例重点讲解了在成人安置机构中如何运用行为干预技术应对常见挑战。

这四本书出版后收到了很多家长和老师的好评，这让我们备受鼓舞。于是，我们又挑选了三本最新的日本行为干预书籍，加入"ABA 入门"系列。

《融合幼儿园教师实战图解》是一本讲解如何在普通幼儿园环境中为孤独症儿童提供支持的书，可以帮助幼儿园老师更积极地面对挑战，找到更有效的应对方法。

《问题行为应对实战图解》是一本专门解读孤独症儿童常见问题行为的书，帮助我们从 ABA 视角观察和看待问题行为，并给出切实可行的减少问题行为的具体实操方案。

《三步解决学生问题行为》是一本通过清晰、简明的步骤处理问题行为的实战指导书，引导读者以严谨的逻辑和务实的态度思考"他为什么会这样"及"我该怎么办"的问题。

我之所以非常喜欢这七本书，是因为它们有以下几个共同的特点：

1. 纯净不杂。它们都是纯净的 ABA 技术实操指南，不掺杂其他"看上去很美"的非行为干预的方法，透着非常严谨认真的治学态度。

2. 实战经验。几位作者讲解通用的干预技术时，都结合了自己一线实战的切身体验，而不只是泛泛地照本宣科。他们在书中列举了很多贴近真实生活的应用方案，并对各种现实难点做了细致讲解。

3. 从零开始。这几本书都是面向零基础读者的指导用书，即使读者对 ABA 并不熟悉，拿起其中任何一本，阅读之后也都可以入门行为分析这门科学，并能快速将学到的理论知识运用到自己的实践之中。

4. 日系风格。排版风格生动直观，易读易懂，每本书都有大量漫画配图。例如，《早期密集训练实战图解》，这本书通过大量且表达准确的日系漫画形式讲解了 ABA 基础知识和桌面教学细节，这非常少见。之所以能做到这点，一方面是因为漫画在日本的普及，另一方面是我从该书的作者那里了解到的，身为 ABA 专业人士，作者自己就能先行画出草稿，再与专业画师开展细致的讨论，几易其稿，从而确保漫画内容的精准传神。

日本人的行事风格有很多地方值得我们学习，他们往往做事严谨认真，一板一眼，甚至有时会被打趣为一种"刻板"特征。我在与日本学者的很多接触中，深深体会到了这种行事风格的可贵之处，钦佩这种专注与认真的精神。如很多现代科技一样，ABA 诞生于西方，而在向先进者学习的过程中，日本人的态度非常虚心，他们深耕细作，精益求精，很少抱着投机取巧的心思。在这里，我不由得提醒自己，也希望国内的其他家长在干预过程中学习这些优点，摒弃我们自己身上经常出现的那种好高骛远、浅尝辄止、这山望着那山高的心态。我们有时甚至会出现盲目自我拔高、随意搞本土特色式杂糅的做法，虽然往好了可自夸为博采众长，但实际上更可能会形成"一锅乱炖"的局面。在学习行为干预的过程中，这种无法塌下心来把精力集中在最具科学实证的 ABA 知识的学习上，想走捷径的心思很常见，也很不利。

在孤独症圈里，大家经常互相勉励，在干预路上保持细心、耐心、恒心。小龄孩子家长和大龄孩子家长的心态有所不同，但终究会逐渐进步。每个家庭都会从最初的急切追求治愈的奢望中走出来，慢慢地面对现实，进而走上努力地提高生活质量的道路。在这条路上，行为干预是最能为我们提供支持的一项科学技术。我希望这套书能够帮助国内家长及早地武装自己，面向未来，抓好当下。

秋爸

前　言
改变行为是为了什么？

在平时与孩子互动的过程中，您可能会产生疑问："为什么孩子不听我的话呢？""为什么他连这么简单的事情都做不到呢？"然后，您会有一种渴望，想要改变孩子的行为。拿起本书的您可能正是这样想的。

在本书中，我将"孩子不做出适当行为"和"孩子不停止问题行为"这两种情况统称为"行为问题"（也就是"行为上出现了问题"）。我将在书中介绍应用行为分析（ABA）的理论与技巧，以及运用它应对行为问题的方法。本书的目标是让您不仅能够在日常养育孩子的过程中了解一些书本知识，还能够将 ABA 的理论和技巧变成自己的能力，在生活中找到有效的解决方案。

将 ABA 应用于学校教育和家庭养育，有一点是我们必须明确的，那就是不应该把"让孩子听话"或"培养顺从的孩子"作为目标。例如，为了迎合周围的人而压抑自己的意见，盲目听从成年人的指令，持续忍受自己不喜欢的事情，等等，虽然这些表现能够让孩子显得"顺从"，但在某种程度上会让我们把孩子看作"行为问题的潜在群体"。

在行为支持中，重要的是培养孩子的适当行为和自主决策的能力，而不仅仅是"让孩子停止问题行为"或"让孩子听话"。将什么确定为问题，将什么设定为目标，这一切都必须与"孩子幸福生活"的愿景紧密关联。

2019 年 4 月

大久保贤一

本书的使用方法

大家好！我是本书设定的人物——小樱。我是一名小学老师，在小学教育领域已经工作了 3 年。我将以 ABA 初学者的身份跟随大久保贤一老师学习如何处理儿童的行为问题，在这个过程中，我会向他提出各种各样的问题。希望大家能和我一起思考。

在第 1 章里，我们将学习采取哪些步骤可以引导孩子做出适当行为，怎样通过反复练习让孩子能够独立地做出那些适当行为。我们还将了解应该如何夸奖孩子，如何激发孩子的积极性。

在第 2 章里，我们将学习当孩子出现问题行为时应该采取哪些步骤应对。明智的应对策略是解决问题的捷径。

在第 3 章里，我们将扩展从第 1 章和第 2 章中学到的内容，进一步学习采取哪些步骤可以帮助孩子巩固和拓展他们已经掌握的技能。我们还将学习开展团队合作的具体方法。

在第 4 章里，我们将学习大久保贤一老师在各学校就不同教师的咨询开展干预的一些实例。我们将以"用 ABA 解决！流程示意图"的形式，运用在前三章里学到的技术对这些实例进行分析。我希望大家在自己的学校和家庭中也能尝试用相同的方式处理自己遇到的问题。

目　录

引言　理解行为的"ABC" ·· 001
　　问题 1　说了多少次都不听，面对这样的孩子，我该怎么办？ ················ 002
　　问题 2　为什么这个孩子会这样做呢？请教我"读懂行为的原因"的方法吧！ ···· 004
　　问题 3　我想了解"有效改善的方法"！ ···································· 006
　　　　小樱笔记 ① ·· 008

第 1 章　培养适当行为的 3 个步骤 ·· 009
　　步骤 1　小步骤的目标设定 ·· 011
　　　　1. 塑造 ·· 011
　　　　2. 任务分析和行为链 ·· 014
　　步骤 2　为独立完成任务提供帮助 ·· 018
　　　　3. 辅助 ·· 018
　　　　小樱笔记 ② ·· 022
　　步骤 3　激发主动性 ·· 024
　　　　4. 强化 ·· 024
　　　　5. 强化物的评估 ·· 027
　　　　6. 代币经济 ·· 030
　　　　小樱笔记 ③ ·· 032

第 2 章　解决问题行为的 3 个步骤 ·· 033
　　步骤 1　探求问题的原因 ·· 035
　　　　1. 功能评估 ·· 035

步骤 2　设定目标 ··· 038
　　　2. 替代行为 ·· 038
　　步骤 3　制订并执行策略 ·· 041
　　　3. 三种策略 ·· 041
　　　专栏 1 ··· 046
　　　4. 行为支持计划 ·· 048
　　　小樱笔记④ ··· 053
　　　5. 行为支持计划的评估与修正 ·· 055
　　　专栏 2 ··· 057

第 3 章　扩展并巩固行为支持的成果 ··· 059

　　步骤 1　增加"在这里也能做到"的练习! ··· 061
　　　1. 泛化 ··· 061
　　步骤 2　团队合作 ·· 066
　　　2. 建立团队合作 ·· 066
　　　小樱笔记⑤ ··· 068
　　　专栏 3 ··· 069

第 4 章　三步解决问题行为（实例篇）··· 071

　　实例 1　不停说话的小宏 ·· 074
　　实例 2　不愿意上学的小秋 ·· 080
　　实例 3　不愿意参与普通班活动的小卓 ·· 086
　　实例 4　能够跟着示范做，但没示范就不行的小卓 ···································· 094
　　实例 5　和同学屡屡冲突的小真 ·· 100
　　实例 6　遇到困难就会立即逃避的小光 ·· 104
　　实例 7　班级全体学生都不听话 ·· 114

引 言

理解行为的"ABC"

问题 1

说了多少次都不听，面对这样的孩子，我该怎么办？

小樱老师：我班上的小幸同学似乎不会好好扫地，当我对他说"好好扫"时，他就会烦躁不安，情绪爆发。我应该怎么办呢？

提示：小樱老师咨询学生"不会扫地"的问题，但实际上小幸同学是真的"不会扫地"吗？

关于"不会扫地"这个问题，教师如果仅仅关注小幸同学的"扫地能力"，是无法解决的。

小幸同学可能并不理解小樱老师说的"好好扫"这句口头指令，或者，他可能根本就没有听这个指令。在这种情况下，问题就不在于"他是否有能力做到"（是否具备扫地所需的基本技能），而在于"他是否有能力听懂并按照要求去做"。

另外，还有一种可能，小幸同学曾经听从小樱老师的指令并完成了一些任务，但不仅未得到夸奖，还因一些细节受到批评，甚至多次被要求重做。这样的经历有可能带给小幸同学的体验就是"我即使听从小樱老师的指令也不会有好结果"。在这种情况下，我们需要考虑的是小幸同学"是否有动力去做"的问题。

回答 解决问题的第一步是思考"为什么会这样？"

乍看上去相同的问题行为，不同的孩子和不同的情境可能会使行为的原因不同。我们需要思考的是"这个孩子在这种情况下，做出这种行为的原因究竟是什么？"

有道理！

问题 2

**为什么这个孩子会这样做呢？
请教我"读懂行为的原因"的方法吧！**

小樱老师

虽然我常说"我要琢磨一下'不会扫地'的原因"，但是，可能的原因很多，似乎很复杂。关于"读懂行为的原因"的方法，请您教我。

提示

不要只想着小幸同学"不会扫地"的各种可能的原因，我们需要考虑"当前'扫地'行为不发生的条件"，并列举原因：

A：他不知道应该做什么。
B：他没能力执行这个"行为"任务。
C：他缺乏动力（由于之前的经历）。

A	B	C
不理解指令	没能力执行	缺乏动力（由于之前的经历）

"好好扫"是指？

我怎么都扫不好……

我才不想扫呢！

关于"行为不发生"的原因，我们可以考虑以下两点：
- 既要考虑孩子自身的能力，又要考虑周围的环境、周围人的参与及孩子的反应。
- 从出问题的"行为本身"，以及该行为发生"之前"和"之后"这三个方面分别考虑。

在这个案例中，我们需要考虑在"扫地"行为发生"之前"，有哪些诱发因素和情境可以让孩子在多大程度上去执行这个"行为"任务，也就是小幸同学去执行"扫地"任务，此外，我们还需要考虑"扫地"行为发生"之后"的周围反应和情境。

在本书讲解的 ABA 技术当中，我们将行为发生"之前"称为 A（Antecedent，前提），将"行为本身"称为 B（Behavior，行为），将行为发生"之后"称为 C（Consequence，后果）。

之前	行为本身	之后
=	=	=
行为的前提	行为	行为的后果

回答：通过对 A、B、C 这三个方面的分析与整理，我们就可以读懂孩子无法执行该"行为"任务的原因了。

我们可以将孩子无法顺利执行"行为"任务的原因分为三个主要方面。我们只需要考虑孩子自身和周围环境！

好像不太难。

问题 3　我想了解"有效改善的方法"!

小樱老师：在有了关于"为什么会发生这个'行为'"的假设之后，我很想知道如何将它与可用的解决方案联系起来。

提示：对于第4页中讲到的A、B、C，我们先要将"无法做到"的任务转换为"能够做到"的任务。

A：能够知道自己应该做什么。
B：能够执行这个"行为"任务。
C：有动力执行这个"行为"任务。

实现行为所需的ABC

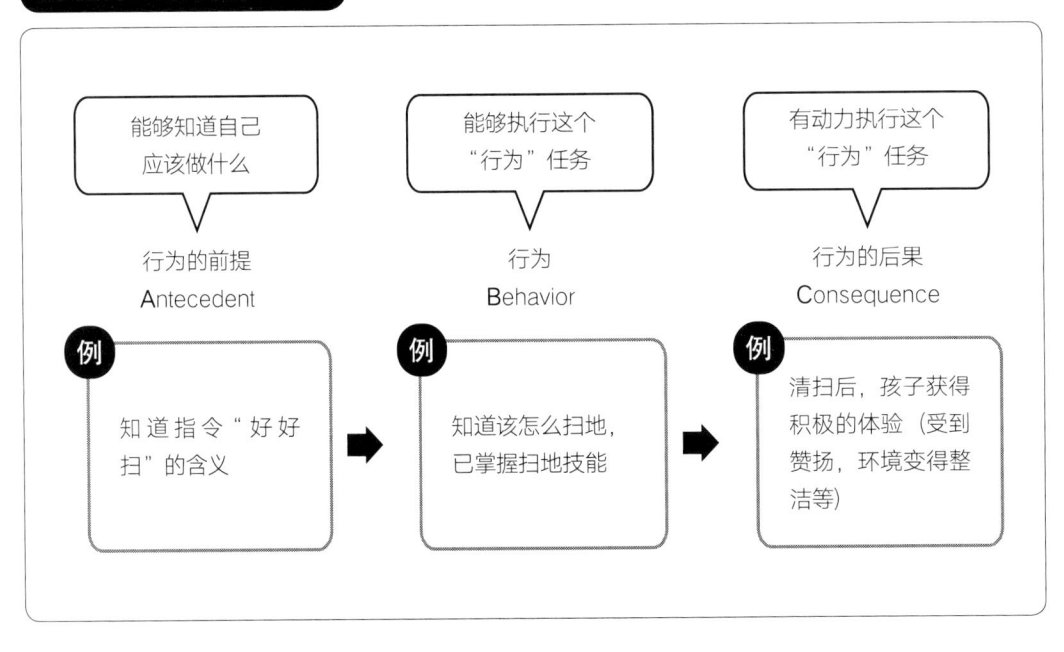

能够知道自己应该做什么	能够执行这个"行为"任务	有动力执行这个"行为"任务
行为的前提 Antecedent	行为 Behavior	行为的后果 Consequence
例：知道指令"好好扫"的含义	例：知道该怎么扫地，已掌握扫地技能	例：清扫后，孩子获得积极的体验（受到赞扬，环境变得整洁等）

将小幸同学"能够扫地"的情况整理在第6页的图中。只有当这些条件全部满足时,"扫地"行为才会发生("扫地"行为得以实现)。

换句话说,我们不应只盯着"不能做到"的情况,而应更关注"能够做到"的条件。通过对 A、B、C 这三个方面的分析和整理,进而考虑针对这三个方面给出具体的解决方案,这就叫作"ABC 分析"。

例如,对于小幸同学,我们可以考虑以下解决方案:
- 为了实现 A,"简化指令""提供易懂的视觉刺激""布置让指令更为明确的环境"。
- 为了实现 B,"系统地提供帮助""将目标细分并练习"。
- 为了实现 C,"提高动因"。

然后,我们可以从小幸同学尚不能完成的事情入手,根据难易程度设置优先顺序,逐一解决。如果存在多个方面的组合问题,我们就需要将各个问题的解决方案也组合起来。

回答

瞄准"能够做到"的任务,将该任务设为目标,分别从 A、B、C 这三个方面思考解决方案。

将"能够做到"的任务作为目标来考虑解决方案,这样非常积极呢!

"ABC 分析"这个关键词,我要牢牢记住!

瞄准,锁定!

原来如此！小樱笔记 ①

◎ 要点：ABC 分析

让我们把"不会做 ×× 的孩子"视为"他只是目前还不会做 ××"，然后思考如何帮助他越来越接近"会做 ××"的状态。为了达到这个目标，我们可以从 A、B、C 这三个方面（行为的前提、行为、行为的后果）对问题进行分析和整理，这样就能够找到更有效的解决策略了。

小幸同学

A	B	C
不理解指令的含义	不知道该如何做 （尚未掌握相关技能）	缺乏动力 （由于之前的经历）
→通过提供视觉提示，让他了解扫地的时间和地点。我是该使用照片还是该使用图片呢？	→制订具体的指导步骤。开始时我要示范正确的扫地方法。	→之前我对他说"做得不好可不行"，这过于苛刻了，现在我应该多夸奖他！

值日表

仔细看

扫地流程
1. 将课桌移到教室后边
2. 扫教室前半部分
3. 用墩布擦教室前半部分
4. 将课桌移到教室前边
5. 扫教室后半部分
6. 用墩布擦教室后半部分
7. 将课桌移回原来的位置

尽量不要留下垃圾

自己的事情做完后，还可以去帮助其他人

从墙边开始扫，不要留下空隙，笔直地扫。把垃圾扫到这个圆圈里。

哦？
老师在看我了？

你扫得真干净。
辛苦啦！

还有10分钟，扫完后有惊喜！

第 1 章

培养适当行为的 3 个步骤

问题 1

我其实很想表扬孩子，但他总是不乖。

我一直在尽力表扬孩子的适当行为，但是，他从不好好参与课堂学习，所以，即使我想夸奖他，也没有机会。结果是，我不得不继续关注他的偏差行为。我知道这样下去很不好。

回答

"乖"的标准也许太高了。

表扬孩子时最重要的是，我们不必一开始就追求完美。我们要注意的是，别错过了表扬孩子"接近目标的行为"的机会。

步骤 1　小步骤的目标设定

1. 塑造

> 积累成功经验，培养新的行为

要想增加孩子的适当行为，一个基本原则就是要通过调整孩子的周围环境，确保目标行为更容易发生，并称赞和肯定已出现的目标行为。然而，如果目标行为是"孩子从未做过的"，那么我们面临的是"如何促使这个目标行为第一次出现"的问题。

此外，即使我们已经很努力了，仍有可能遇到"孩子从未完成目标行为"的情况。我们经常听到教师和家长抱怨说："虽然很想称赞孩子，但他真的没有值得称赞的地方。"

(1) "没有值得称赞的地方"，只是因为"目标的高度"不合适

对于一个在课堂上只能坐 5～10 分钟的孩子，"如果他能坐 45 分钟，我就称赞他"，这样的计划实际上没有意义。这是因为目标设定得太高了，他没有实现的机会。

然而，换个角度看，"坐不了 5～10 分钟就离开座位"这个问题也可以被看作"他能在自己的座位上坐 5～10 分钟"。这样，我们的关注点就变成了"他已经能够做到的"或者"他有可能做到的"，这个视角非常重要。

因此，首先，对于这个孩子来说，我们需要为他设定"他如果能够坐 5 分钟并适当参与课堂学习，就会受到称赞和认可"的条件，而且这可能是一个更合理的初始目标（当然，前提是已经对他进行了关于"为什么会离座"的评估）。然后，在"能够坐至少 5 分钟并参与课堂学习"的状态稳定下来后，我们可以略微提高目标。通过重复这个过程，孩子有了成功的经验，我们再逐渐提高标准，他就能逐渐接近最终目标了。

(2) 行为的"塑造"

在 ABA 中，这样的过程被称为"塑造"，即逐渐形成之前不存在的行为。尽管孩子看起来绕了很远的路，但通过这样一小步一小步、扎实地积累，最终可能会更快地达到目标（见图 1-1）。

进行"塑造"的关键点在于，我们要能识别孩子"已经能够做到"或"有可能做到"的"台阶"，而且应注意不要错过称赞和认可孩子"比以前好了一些"或"不像以前那么差"的时机。

图 1-1　塑造的实例

问题 2

有些孩子很难记住必要的步骤。

有些任务，像工具的使用，或者用纸笔进行计算，往往需要多个连续的步骤，孩子很难一下子全都记住。有些孩子如果没有得到帮助，就一直无法完成任务。最近他们总是一旦觉得任务难就会等待我再发指令。

回答

将步骤分解为若干要点，分别进行练习。

任何人要记住含有多个复杂步骤的整个行为链都不容易。有个成语叫"化整为零"，我们可以将整个行为的各个步骤进行分解，将它们作为一个一个的独立行为来练习。

2. 任务分析和行为链

将行为细分为各要素——"任务分析"

在教授适当行为（技能）时，我们可以将整体行为细分为多个小步骤，对每个步骤进行练习，然后再把它们连接起来。这是一种很有效的方法。

进行任务分析，并检查哪些步骤已经可以完成

在评估孩子的能力时，我们通常会倾向于评价他能否完成整个任务，比如，"这个孩子可以独立购物"，或者"这个孩子不能独立购物"。但是，如表1-1所示，很多较为复杂的技能，如"在超市购物"和"乘坐地铁到达目的地"，甚至一些看似相对简单的技能，如"穿袜子"，实际上都是由很多具体的行为要素串链而成的。因此，在评估孩子的能力时，我们需要根据他在每个步骤中具体行为的独立完成程度进行评估。

一个被认为"无法自己乘坐地铁到达目的地"的孩子，在大多数情况下，其任务中会有"可以独立完成的步骤"，也会有"无法独立完成的步骤"。另外，同样是被认为"无法自己乘坐地铁到达目的地"的其他孩子，其任务中可以完成的步骤、无法完成的步骤，以及在各个步骤当中需要得到的支持，这些都会因人而异，每个孩子的技能现状也会完全不同。当然，由于孩子的技能现状的不同，我们应该采取的干预措施自然也应该随之改变。

对于某项技能中各个步骤的表现情况，我们必须具体且客观地描述，以便"无论是谁在观察"都能获得相同的评估结果。此外，我们应该将整体行为分解为多少个具体的小步骤，取决于孩子的实际情况。如果孩子对于掌握某项技能感到很困难，那么我们就需要将步骤分解得更细。

这种将复杂的行为分解为具体小步骤的过程被称为"任务分析"。开展任务分析的好处是，这可以让我们更准确地评估孩子对某项技能的实际掌握情况，从而更准确地选择"行为链"方案为他提供支持。

练习行为的各个步骤，将各个步骤连接起来——"行为链"

行为链是将行为的各个要素按链条的样式连接的方法，其名称由此而来。

前文所述的"塑造"和这里介绍的"行为链"都强调"小步骤"，但它们在步骤分解的维度上有所不同。塑造是"将目标的成功标准分成小步骤"的过程，而行为链则是将整体行为分解成小步骤。

（1）创建行为链的三种方法

① 顺向串链

首先，我们只对第一步进行反复练习。孩子掌握了第一步之后，我们再添加下一步，然后反复练习第一步和第二步。以"穿袜子"为例，任务分解之后，我们就按照图1-2的步骤"❶→❶❷→❶❷❸→❶❷❸❹→❶❷❸❹❺"引导孩子反复练习。

② 逆向串链

首先，从任务分析的最后一步开始，我们只对这一步进行反复练习。孩子掌握了最后一步之后，我们再逆序添加倒数第二步，然后练习倒数第二步和最后一步。以"穿袜子"为例，我们就按照图1-2的步骤"❺→❹❺→❸❹❺→❷❸❹❺→❶❷❸❹❺"引导孩子反复练习。

③ 全任务呈现法

在全任务呈现法中，我们会从头到尾地反复练习所有步骤。也就是说，按照图1-2的步骤"❶❷❸❹❺→❶❷❸❹❺→❶❷❸❹❺"引导孩子反复练习。

（2）如何选择合适的引导方法？

通常，如果一系列的行为不是特别复杂，孩子已经基本掌握了相关技能，那么"全任务呈现法"可能是帮助他掌握这项技能的最快方法。如果情况不是这样，那么我们使用"顺向串链"或"逆向串链"法，可能会让教学更顺利。另外，全任务呈现法要求支持者对整个流程中必要的步骤提供协助，因而有相对较高的指导技术要求。

在顺向串链和逆向串链都可以选择的情况下，我建议优先选择逆向串链。因为逆向串链从行为的最后部分开始，这样每次练习都会自然地伴随着任务完成的成就感。此外，当支持者替孩子进行前面步骤的操作时，孩子可以进行观察，这有助于孩子对整个过程的学习。

但是，如果行为链的最后几步是孩子不擅长的或可能引发孩子焦虑的步骤（例如，在练习"上厕所"时，孩子很害怕"最后冲水"的步骤），那么，我建议使用顺向串链，从前面的步骤开始逐步构建，并利用前面步骤的成功经历来支持最后具有挑战的部分，这样做的效果可能更好。

表 1-1　任务分析示例

在超市购物	乘坐地铁到达目的地	穿袜子
1. 到达商店 2. 进店门 3. 拿购物筐 4. 走到货架前 5. 将要购买的商品放入购物筐 6. 在收银台前排队 7. 付款 8. 拿好零钱及收据 9. 将商品装袋 10. 放好购物筐 11. 走出店门 12. 回家	1. 到达车站 2. 购买到目的地的车票 3. 通过检票口 4. 到达站台 5. 乘坐地铁 6. 在车厢里以恰当的方式度过乘车时间 7. 在目的地车站下车 8. 通过检票口 9. 走出车站	1. 拿起袜子 2. 将袜子的脚跟部放在下面，双手撑开袜口 3. 将脚尖伸进袜子 4. 将袜子往上拉到脚跟 5. 继续往上拉到最后

顺向串链　　逆向串链　　全任务呈现法

❶ 拿起袜子
❷ 将袜子的脚跟部放在下面，双手撑开袜口
❸ 将脚尖伸进袜子
❹ 将袜子往上拉到脚跟
❺ 继续往上拉到最后

※ 前面的步骤由支持者代为完成，从后面的步骤开始练习

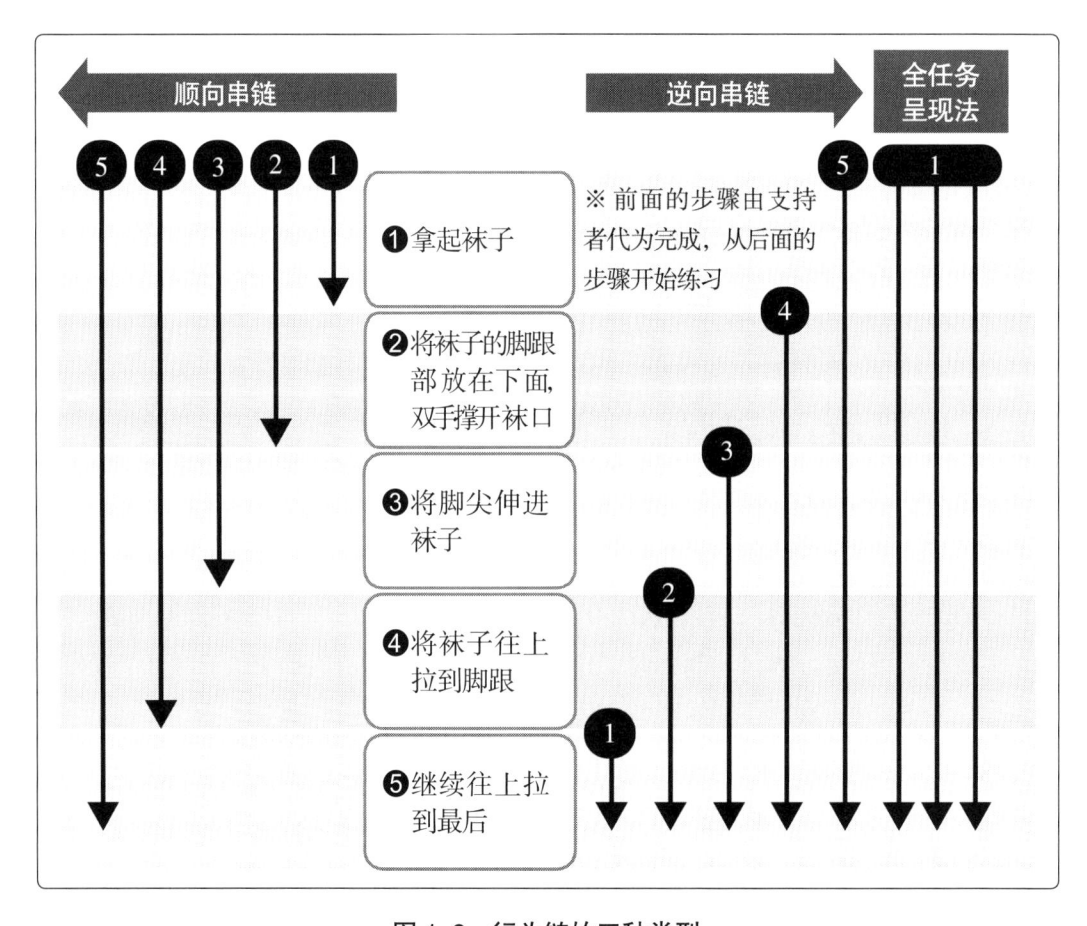

图 1-2　行为链的三种类型

问题 3

有些孩子总是依赖大人的帮助。

在进行课堂活动或小组分工期间，有些孩子经常会出现等待指令的情况。如果有人提供帮助，他们会乐意配合，可一旦没有帮助，他们就不主动去做。

回答

为孩子提供提示或线索，以便他们能够独立完成任务。

在帮助有困难的孩子时，我们通常需要提供一些提示或线索作为支持手段。需要注意的是，关于这些提示或线索的强度等级，我们是应该按从强到弱还是应该按从弱到强的顺序提供这类支持呢?

步骤2 为独立完成任务提供帮助

3. 辅助

提供计划性的帮助，让孩子能够独立完成任务

在 ABA 中，当孩子在处理任务或参与活动的过程中遇到困难时，我们向他们提供提示、线索和协助，这被称为"辅助（prompt）"。"辅助"一词包括"促进""引导"和"提醒"的意思。

例如，在购物场景中，当孩子把商品放入购物筐后，不知道接下来该做什么时，我们可以考虑提供类似图 1-3 所示的辅助。

辅助包括"语言辅助""手势/视觉提示""示范"和"肢体辅助"等多种类型。

（1）辅助的原则是"尽可能弱"

图 1-3 展示了辅助的种类及其强度等级。"较弱的辅助"的意思是支持者给予的辅助较弱，孩子能够独立完成的部分较多。相反，"较强的辅助"的意思是支持者给予的辅助较强，孩子能够独立完成的部分较少。

那么，我们给予的辅助是较强更好，还是较弱更好呢？

总体来说，辅助的原则应该是"尽可能弱"。这是因为通常情况下，在教导孩子学习各种技能时，我们的目标是让他们在没有外界帮助的情况下能够主动、自发地完成任务。

不必要的较强的辅助可能会剥夺孩子的主动性，不利于他们朝着自主性的方向发展。过度的协助可能会导致孩子养成"不自己做，总是等待他人帮忙"的习惯。具有讽刺意味的是，教师越是热心地提供协助，孩子就越可能出现"等待指令"或"依赖周围人"的倾向。

然而，这并不是说"完全不干预"是最佳方法。让孩子一再经历失败可能会导致他们感到无助，这同样会损害他们的主动性。因此，我们给予的辅助应该尽量弱而不过于强，但过弱也不可取。

（2）逐渐减少辅助的"渐褪"

此外，还有一个更重要的点是，这个"尽可能弱"的标准是可以"调整"的。随着孩子对技能的掌握变得熟练，我们给予的辅助必须逐渐减弱。支持者逐渐减弱辅助的过程被称为"渐褪（fading）"。辅助渐褪是促进孩子的自主性和主动性发展的关键。

下文介绍了两种提供辅助的方法——逐步加强和减弱辅助。经过反复练习，孩子最终可以在他人提供辅助之前自发地完成任务。

"从较弱的辅助开始，逐渐变强"的方法

● 优点
更早实现目标的可能性较高

● 缺点
失败的可能性较高

● 优点
失败的可能性较低

● 缺点
实现目标可能需要较多的时间

"从较强的辅助开始，逐渐变弱"的方法

弱

强

关于辅助的例子

语言辅助
- "接下来应该怎么做？"（间接语言辅助）
- "去排队结账吧！"（直接语言辅助）

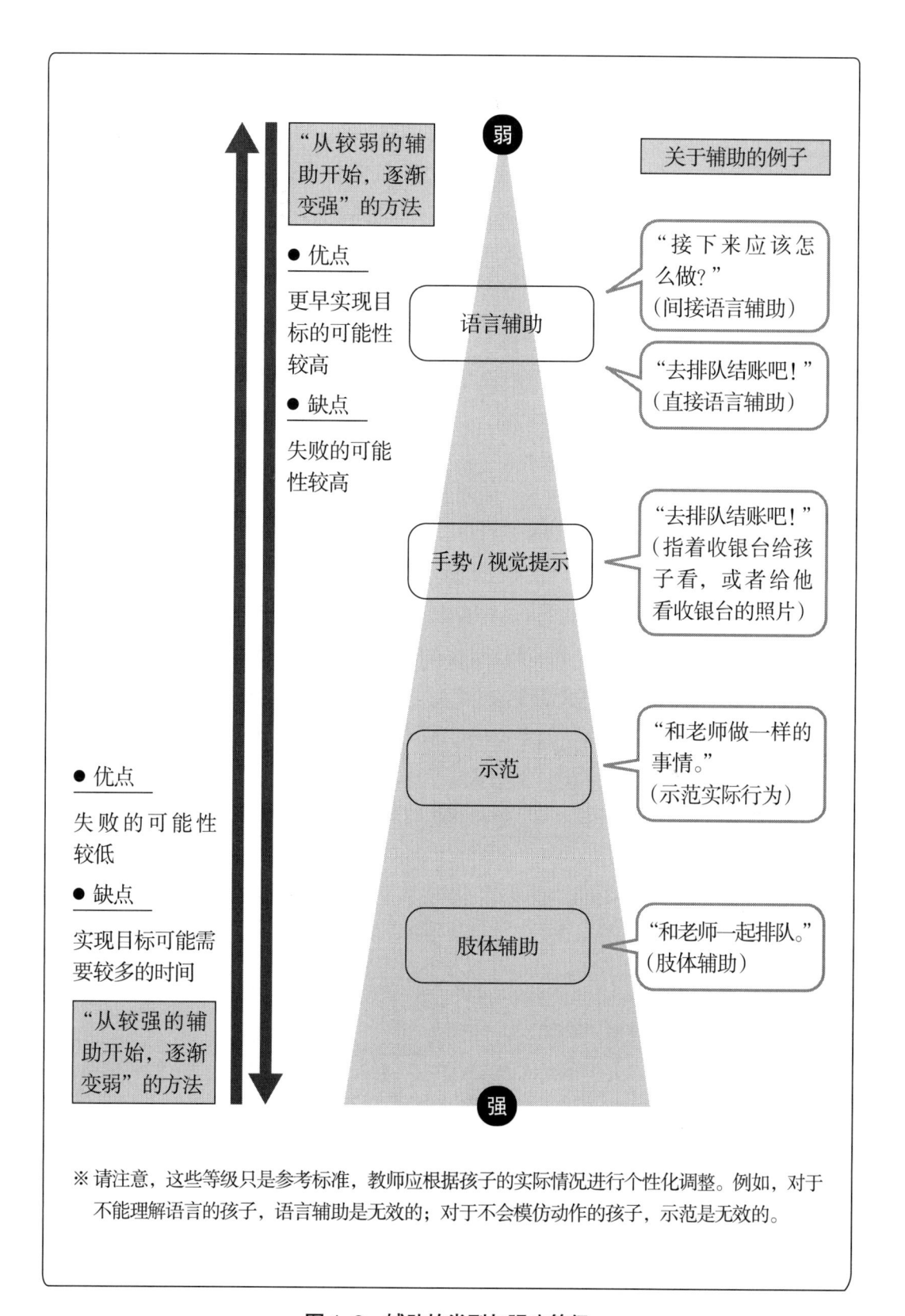

手势/视觉提示
- "去排队结账吧！"（指着收银台给孩子看，或者给他看收银台的照片）

示范
- "和老师做一样的事情。"（示范实际行为）

肢体辅助
- "和老师一起排队。"（肢体辅助）

※ 请注意，这些等级只是参考标准，教师应根据孩子的实际情况进行个性化调整。例如，对于不能理解语言的孩子，语言辅助是无效的；对于不会模仿动作的孩子，示范是无效的。

图 1-3　辅助的类型与强度等级

（3）提供辅助的两种方法

① *从较弱的辅助开始，逐渐变强*

第一种方法是从较弱的辅助开始，如果孩子仍然无法成功完成任务，我们就稍微增强辅助，如果还是不行，那么辅助就再稍微增强一些。

例如，对于在学习购物流程时遇到困难的孩子，我们可以先从"间接语言辅助"开始，也就是问他："接下来应该怎么做？"然后，观察孩子在这样的辅助下的反应。如果孩子仍然没有去排队结账，那我们可以将辅助的强度提高一个等级，采用"直接语言辅助"的方式，说："去排队结账吧！"如果这时孩子还是不能完成任务，我们可以再加入"手势/视觉提示"的方式。通过这种做法，我们就可以逐渐提高辅助等级，直到孩子能够正确地执行任务。

② *从较强的辅助开始，逐渐变弱*

第二种方法是从较强的辅助开始，随着孩子的成功经验的积累，我们慢慢过渡到越来越弱的辅助。例如，在上文提到的购物过程中，我们可以一开始就直接提供"肢体辅助"，帮助孩子去排队结账。

在这么做之前，我们需要为每个环节设定合格标准。例如，如果孩子连续成功 5 次，我们就进入下一级的弱辅助。在孩子达到这样的标准后，我们接下来的练习就可以提供弱一级的辅助，但如果孩子中途遇到了困难，我们就需要回到稍强一级的辅助上。

这种"从较强的辅助开始，逐渐变弱"的方法，需要我们事先计划好全部的各级辅助方式并逐步提供，因此，花费的时间会比较长，但它有一个重要的好处，那就是孩子不容易经历失败。对于一些对失败体验很敏感的孩子来说，这种方法可能是一个不错的选择。

通常情况下，我更推荐第一种方法，即"从较弱的辅助开始，逐渐变强"，因为这样可以让我们尽快找到"尽可能弱"的辅助等级，从而提高引导孩子做出自发行为的可能性。

（4）辅助渐褪的关键是"等待"和"记录"

我们还要为孩子留出足够的时间，以便他有可能先做出一些自发行为。提供辅助的时机很重要，如果支持者过早提供辅助，那么孩子就没有足够的时间思考并独立行动，这可能会增加孩子依赖辅助的风险。

此外，我们还需要尽可能客观地看待自己与孩子之间的互动方式，明确自己需要提供的辅助的强度等级。因此，我们强烈建议教师对目标行为进行任务分析，从而制订系统的辅助计划，并记录结果。

例如，表1-2展示的是我们对小惠"搭乘地铁"的指导结果。表格左侧第二列列出了对"搭乘地铁"进行任务分析的各个步骤，第三列到第七列用"○→独立完成""△→需要肢体辅助"和"×→需要语言辅助或手势"这三种标记，对"小惠在每个步骤需要的辅助及辅助程度"进行记录。通过这样的记录，我们可以从指导结果中详细了解小惠在逐渐变弱的辅助下完成各个步骤的学习过程。

在第5次练习之后，对于"小惠是否能够独立搭乘地铁"这个问题，由于第5步仍然无法完成，回答应该是"仍然无法独立完成"。然而，我们可以看出，在第1次和第5次练习之间，即使答案都是"不能"，情况也是完全不同的。

通过这样的记录，我们可以做到以下几点：

- 在开始指导时，详细了解孩子的实际技能水平。
- 详细了解孩子在指导下的成长过程。
- 聚焦下一阶段练习课题的具体范围。

例如，对于小惠来说，"在目的地车站下车"就是下一个任务的明确目标。

表1-2 小惠"搭乘地铁"的指导结果

序号	"搭乘地铁"步骤	第1次	第2次	第3次	第4次	第5次
1	通过检票口	×	×	×	△	○
2	到达站台	×	○	○	○	○
3	乘坐地铁	△	○	○	○	○
4	在车厢里以适当的方式度过乘车时间	△	○	○	○	○
5	在目的地车站下车	×	×	×	×	×
6	通过检票口	×	×	×	△	○

※"购买车票"这个步骤因可以使用当地的优待服务而被省略。

○→独立完成　　△→需要肢体辅助　　×→需要语言辅助或手势

原来如此！ 小樱笔记 ②

教导行为时需要做的事

◎ 塑造行为

设定孩子目前已经能够做到的初始目标。

↓

如果目标能够稳定完成，就设定稍高的目标。

↓ 积累成功经验

重复这个过程，使孩子最后能够独立完成。

我也能做到！

◎ 任务分析

- 将行为分解成多个步骤。
   例如，购物行为包括"拿购物筐""走到商品陈列区""将商品放入购物筐"……
- 分析每个步骤的完成程度。
- 将各步骤连接在一起。　　　　　　　　　　　*行为链*
   对于各步骤，可以从头开始练习或从最后开始练习，也可以重复整个过程。

↓　　　　↓　　　　↓

顺向串链　　逆向串链　　全任务呈现法

该选哪个呢？

◎ 辅助 = 提示、帮助

辅助也可以从弱到强，原则上应"尽可能弱"。
根据孩子的实际情况选择！

问题 4 有些孩子明明知道该做什么，也能够做到，却不去做。

在我们班里，有些孩子明明可以完成任务和活动，却逃避，不参与。要怎样才能激发他们的积极性呢？还是说这种懒惰的性格无法改变？

回答

是激发积极性还是打消积极性，取决于行为发生之后的情况。

"如果行为发生之后有益处，那么该行为更容易发生""如果行为发生之后没有益处，或者跟随着不利因素，那么该行为更不容易发生"，理解这些原则是非常重要的。

步骤3　激发主动性

4. 强化

让适当行为更容易发生

(1)"积极性"的因素在孩子的"外部"

我们时不时会听到这样的说法，"那个孩子现在没有积极性"，或者"这个孩子的积极性最近涌现出来了"。这些说法的背后隐含了一个观点，即大家觉得人的"内心"之中有一种叫作"积极性"的东西，"积极性"可以增加，也可以减少，有的时候有，有的时候没有。

然而，"积极性"本身并不存在实体。将没有实体的因素视为问题的原因，或许会让我们感觉自己能够用它解释问题，但在很多情况下，这种看法只会阻碍问题的解决。

通常，孩子"内心"的因素很难直接从教师的角度进行干预和改变。应对问题的关键在于，教师要在考虑问题的原因时更关注孩子"外部"的那些人、物和事件，进而找到其中"可能改变的因素"。

我们在考虑"积极性"时，重要的是强调个体本身与个体"外部"因素之间是如何相互作用的，以及这些相互作用是如何随着时间的推移而逐渐积累起来的。

(2)"积极性"会不会出现，取决于行为发生"之后"的情况

为了激发孩子的"积极性"，我们通常会在孩子采取行动"之前"对他进行鼓励、劝说或解释。尽管这些方法可能会影响孩子的行为，但我们在考虑"积极性"时，尤其重要的是关注行为发生"之后"的情况，也就是"做了○○之后，获得了□□的后果"这种体验。在行为 ABC 中，B 与 C 的关系至关重要。

例如，假设孩子在帮忙做事之后，周围的人对他做出了某种反应。如果这个孩子"从第二天开始更愿意帮忙了"，或者，正相反，这个孩子"完全不肯再帮忙了"，那么我们可以想象当时周围的反应是什么吗？前者的话，可能是因为周围的人"表扬了孩子"，这对孩子来说是积极和正面的体验；而后者可能是因为孩子在帮忙后"被唠唠叨叨地批评了"，或者"没有得到任何反馈"等，这对孩子来说是消极和负面的体验。

因此，我们可以这样理解，某个行为在将来是更容易发生，还是更不容易发生，在很大程度上取决于该行为发生"之后"跟随的后果。

(3)"强化"与"强化物"使行为更容易发生

使行为变得更容易发生的过程被称为"强化",用于实现这一目的的物品或活动被称为"强化物"。要想确认强化物是否有效,我们需要将该强化物切实地提供给某个行为,然后确认该行为是否增加。此外,可以成为强化物的物品或活动是因人而异的,强化物的效果也会受到孩子的实际情况的影响。

然而,我们大致可以预测什么可能成为强化物。从第27页开始,我们将详细说明如何寻找孩子的强化物。

"强化"可以分为两种类型。第一种类型是,"行为发生之后,对个体有利的情况出现,结果是该行为更容易发生"。在 ABA 中,这种类型被称为"正强化"。"强化"意味着行为更容易发生或增加,而"正"意味着某种情况(这里是指对个体有利的情况)的"出现"。

第二种类型是,"行为发生之后,对个体不利的情况消失,结果是该行为更容易发生"。这种类型被称为"负强化","负"意味着某种情况(这里是指对个体不利的情况)的"消失"。

问题 5

有些孩子即使受到表扬也不太高兴。

我试图通过夸张的表扬增加孩子的期望行为，但有些孩子似乎并不太高兴，而且适当行为也没有增加。难道"表扬"不起作用吗？

回答

表扬的方式可能不适合这类孩子。

虽然表扬确实是增加期望行为的方法之一，但什么样的表扬会让孩子高兴是因人而异的，而且表扬的时间和情境也与之有关。因此，表扬需要技巧。

5. 强化物的评估

找到能激发孩子积极性的物品或活动

要想增加孩子的适当行为，我们需要尽可能准确地了解"强化物"。为此，我们需要了解不同类型的强化物，并观察每个孩子的情况。

（1）强化物的候选项

有些东西是与生俱来的强化物（非习得性强化物），而有些则是通过经验或学习而形成的（习得性强化物）。

① *非习得性强化物*

食物和饮料对于生存至关重要，通常是与生俱来的强化物。然而，有意使用它们作为强化物可能并不适合像学校那样的场合或情境，而且其效果也可能因孩子的口味和生理状况而异。

此外，对某些孩子来说，视觉刺激（如图像、闪光等）、听觉刺激（如音乐、声音效果、特定语句等）或触觉刺激（如挠痒、振动、被包住等）等特定的感官刺激也可能成为强化物。

② *习得性强化物*

通过经验或学习而形成的强化物，包括来自他人的关注及社会性的赞扬和认可，这些强化物被认为是通过与各种与生俱来的强化物相结合而逐渐形成的。但是，对于那些语言理解受限、对刺激过敏或对他人没有兴趣的孩子来说，这些强化物可能不太容易形成。

此外，不同的"兴趣"及与之相关的贴纸、卡片、玩具等物品也可能成为强化物。然而，对什么东西会感到"有兴趣"是因人而异的。

还有一种观点是，强化物并不一定是"事物"或"刺激"，也有可能是"特定的行为"。例如，有人认为并不是"玩具"本身，而是"玩玩具的行为"可能会强化其他某些特定行为。

（2）寻找强化物的方法

寻找强化物的具体方法是，我们可以对孩子本人或其家庭成员进行访谈。通过提问，诸如"你喜欢什么？""你通常会做什么事情度过闲暇时光？"等问题，我们就可以列出强化物的候选清单。

但是，需要注意的是，从孩子本人或其家庭成员那里获得的信息不一定总是准确的，而且有些东西可能不会成为强化物。

（3）语言表扬和认可的技巧

例如，我们在对待小学高年级以上的孩子时，如果仅仅像对待幼儿一样说"真厉害""做得好"等话，可能不会让孩子觉得受到了表扬，而这些表扬可能也不会作为强化物发挥作用。在这种情况下，我们需要认真观察孩子的反馈，从中看出这种表扬对行为的激励效果。

如果孩子受到表扬后的反应是"这根本不算什么"，那可能是目标设定的标准与孩子自己的标准不符。我们可以在不否定孩子的前提下，和他一起考虑达到该目标的小步骤，并在他逐步完成这些小步骤时表扬他。

（4）通过观察孩子的行为和反应预测强化物

在自由行动时孩子经常自发做出的行为，很可能成为其他行为的强化物，因此，通过仔细观察孩子的日常表现，我们就可以预测"可能成为强化物的行为"。

我们也可以系统地提供可能成为强化物的物品，然后观察孩子的反应。对于能够从多个对象中进行选择的孩子，我们可以系统地提供两个以上的选择，进而评估孩子的选择偏好。

问题 6

对于奖励，有些孩子要么没有耐心等待，要么迅速厌倦。

为了激发孩子们的积极性，我决定每次完成任务时都给予贴纸奖励。起初孩子们非常高兴，但很快就厌倦了，因此，我尝试提供更丰厚的奖励，但这次有些孩子没有耐心等待奖励，放弃了任务。

回答

有一种奖励方法非常适合这类孩子。

行为发生之后，我们要及时提供奖励，而且要让孩子们在不失去兴趣的情况下积累获得的奖励。这里的关键是我们需要用孩子们可以理解和接受的方式做出约定。

6. 代币经济

防止"没有耐心等待"和"厌倦"的奖励物交换机制

在第 27 页讲解的"习得性强化物"中，我提到了一种方法，即使用代币。

"代币"意味着"代替货币的东西（代理货币）"。为了强化适当行为，我们对目标行为提供代币奖励，孩子可以积累获得的代币，以此兑换对他们来说有价值的强化物，这一过程被称为"代币经济"。

举例来说，在家庭学习中，我们可以设定规则，例如，每当孩子自发地完成作业，我们就奖励他 1 张贴纸，当积累了 10 张贴纸时，他就可以获得 1 次玩游戏的机会。

此外，用来兑换代币的强化物被称为"后备强化物"。在前述的例子中，"贴纸"被视为"代币"，而用 10 张贴纸兑换的"游戏"，就是"后备强化物"。

（1）与孩子签订的行为契约

为了执行"代币经济"，我们需要让孩子理解以下三点：

- 代币奖励的目标行为是什么（即应该做什么，应该怎样做）。
- 代币可以兑换的强化物（后备强化物）是什么。
- 代币与后备强化物的兑换时机是什么时候。

"代币经济"通常是以个体为单位实施的，但也可以用于群体对象，如学校环境等。考虑到孩子的年龄和语言水平，我们必须用孩子易于理解的方式做出约定（即行为契约）。

（2）实施"代币经济"的要点

代币可以是孩子容易理解且成人容易管理的物品，如贴纸、硬币或卡片等，同时，应该是对孩子来说安全、具有一定耐久性、不容易丢失的物品。虽然在纸上的方格里打钩可以作为代币发挥功能，但更好的选择是经过精心设计、本身就能够激发儿童兴趣的物品。

实施代币经济的关键点是把握目标行为、代币和后备强化物之间的平衡。我们在导入"代币经济"时，应该从相对较低的难度开始，以便孩子能够频繁地获得后备强化物。随着孩子越来越熟悉代币系统，我们可以逐渐调整目标行为的难度或数量。此外，我们更高的目标是逐步引导孩子自行设定目标，自行记录行为，并使用后备强化物作为对自己的鼓励，从而自主地管理自己的行为，并完成学习项目，实现自我督促。

(3) 代币经济的优点

"代币经济"与直接使用食物或感官刺激等非习得性强化物相比,更不容易让孩子感到厌倦。因此,我们可以在目标行为发生时,抓住适当的时机,毫不吝啬地提供代币。

原则上教师根据与孩子的"约定"提供代币,因此,代币有助于防止教师错过强化的机会(忘记表扬)。在这个意义上,"代币经济"也可以说是一种通过影响教师的行为,积极改变教师与孩子的互动方式的方法。

此外,由于"代币经济"的执行程序包括记录行为,因此,事实上,实施"代币经济"也就是收集数据,为评估和修订计划提供支持。我们还通过向各方相关人员分享"代币经济"的程序和记录数据,帮助相关各方开展有效的协作。

原来如此！ 小樱笔记 ③

◎ 增加行为的关键在行为发生之后

好行为 称赞/认可、兴趣、成就感 → 该行为更容易发生

强化 = 在行为发生之后的跟随对个体来说是积极的体验，因此，该行为更容易发生。
强化物 = 在行为发生之后跟随的能够增加该行为的物品或活动。
强化物评估 = 寻找孩子的强化物。

强化物因人而异，我们需要对每个孩子都进行强化物评估。
→ 通过访谈等方式询问孩子喜欢的物品或活动。
→ 观察孩子的行为和反应。

◎ 根据情况，可以考虑使用代币

代币 代币是指可以取代金钱的物品，如贴纸或游戏币等。

代币经济 = 用代币交换强化物的过程。
适用于没有耐心等待奖励或很容易厌倦的孩子。

如果孩子没有积极性，那么我们需要将关注点放在行为发生之后，进而反思我们的干预方法。

好像不太难。

第 2 章

解决问题行为的 3 个步骤

问题 1

学生在上课时表现得很不安定，总是离开座位走动。

一名学生在上课时自行离席的行为已经持续了相当长一段时间，并且对其他同学产生了不好的影响。尽管他在被指出错误后也会表现出悔过的态度，但他很快又会离席。我已经多次尝试提醒他，但感觉继续这样的严厉批评也不是办法。为此，我感到非常无奈。

回答

问题行为的发生都是有原因的，因此，先要明确原因。

解决问题的第一步应该是明确问题行为发生的具体原因。为了调查原因，我们需要收集和整理各种相关信息。

步骤 1 探求问题的原因

1. 功能评估

> 了解问题行为的功能

问题行为的背后通常存在着孩子出现该行为的原因。换个角度看，问题行为对孩子来说可能具备某种功能。为了了解这一功能，我们需要分别收集和整理行为发生"之前""行为本身"和行为发生"之后"的信息，这个过程被称为"功能评估"。"功能评估"可以被看作为了明确问题行为的功能并解决该问题而采取的 ABC 分析方法。

（1）客观描述问题行为

首先，我们需要明确地定义问题行为。例如，"无法安静下来"这种描述就比较模糊且缺乏客观性，因为它是一种状态，不同的观察者可能根据不同的标准而有不同的理解。有的人可能认为"无法安静下来"是"冲动"，而有的人可能认为是"活跃"。

对行为的干预需要多名教师与家长之间的合作。如果每个人对孩子的特定表现有不同的看法，或者在评估实际情况和支持效果时存在分歧，那么合作的基础就可能会动摇。

因此，将"无法安静下来"替换为更具体的描述，比如"上课时离席"，将极大地增加客观性，即使有多位观察者，也更容易对"现在目标行为是否发生了"的问题达成共识。我们如果在观察中发现有必要描述得更详细，比如"持续 5 秒以上的离席""未经允许的离席""除'为了捡回东西而离席'以外的离席"，就应该根据具体情况做进一步的详细定义。

（2）如何进行信息收集？

信息收集的方法主要包括"访谈"和"观察"。

例如，我们在作为校外专家访问学校并进行咨询时，可能首先要对熟知孩子情况的人（如班主任或家长等）进行访谈以开始调查。可能的话，我们可以制订关于直接观察孩子的计划，以证实访谈中获得的信息。

对于那些在日常生活中与孩子有接触的人，我们首先要整理他们平时观察到的情况，再根据需要，与其他了解孩子的人交谈，进而确认已经整理的信息是否完整，以及其他人的看法在哪些方面一致或有差异。

（3）整理容易引发问题行为的情境

要想减少问题行为的发生，我们首先需要分别对 A、B、C 进行调查，了解问题行为容易发生的情境。我们可以如表 2-1 所示收集详细信息。

此外，整理"不容易引发问题行为"的情境也将有助于制订支持计划。

表 2-1　功能评估的信息收集示例

关于行为的前提（A）	・时间 ・场所 ・同伴 ・在场人数 ・活动内容 ・特定的接触方式或谈话 ・服药情况 ・医学问题（过敏、哮喘、其他健康问题或不适） ・饮食和饥饱的情况 ・睡眠状态 ・周围环境的关注程度 ・无法获得特定物品的情况（可以获得的情况） ・无法实现特定活动的情况（可以实现的情况）
关于行为的信息（B）	・明确且具体的行为定义 ・行为的频率 ・行为的持续时间 ・行为对周围环境的影响
关于行为的后果（C）	・获得或逃避关注（正强化/负强化） ・获得或逃避物品或活动（正强化/负强化） ・获得或回避特定感官刺激
其他	・沟通技能的实际掌握情况 ・孩子喜欢的物品或活动 ・以前尝试过的方法及其效果（成功或失败实例）

问题 2　要让孩子停止暴力言行，应该怎么做？

有些孩子在不满的时候会立刻发脾气，砸东西或大喊大叫。我想尽快制止这种行为。

回答

不要只求制止问题行为，而要教授适当行为。

表现出问题行为的孩子通常不知道还有其他方式可以达到目的。我们需要帮助孩子意识到有一种适当行为可以替代问题行为，而这种适当行为不仅对他自己有好处，对周围的人也有好处。

步骤 2　设定目标

2. 替代行为

以掌握适当行为为目标，替代问题行为

孩子如果能够通过更适当的"替代行为"解决自身的不足或困难，就不需要表现出问题行为了。

（1）教授能够替代问题行为的适当行为

问题行为在一段时间内反复发生，意味着孩子通过这种行为实现了某种目的（功能），并且相关的后果事件使这种行为再次发生的可能性增加了。

例如，当孩子想要与其他小朋友获得相同的东西时，他采取了暴力行为，比如打小朋友，并且达到了目的，结果是他在下一次遇到类似情况时可能再次采取暴力行为。

经常表现出问题行为的孩子通常不知道实现"目标"的其他方式。在这种情况下，我们有必要通过教学，帮助孩子掌握如何用其他适当的方法实现这些目标。

（2）通过问题行为的后果了解行为的功能，并设定目标

孩子通过问题行为成功地获得了某事物（正强化）或逃避了某事物（负强化），因此会重复这种行为。如图2-1所示，正强化和负强化都与"他人的关注""物品或活动"和"感官刺激"有关。

重要的是透过问题行为分析出"孩子传达的信息"。

如果孩子能够通过适当行为实现先前只能靠问题行为达成的目标，那么他以后就不需要采取问题行为了。

（3）同时，考虑作为长期目标的"期望行为"

孩子有必要学会具有与问题行为相同功能的适当的替代行为。不过，这些替代行为应被视为"应对问题情境的'紧急处理'技能"。

例如，如果孩子通过问题行为逃避特定任务或活动，那么学会"适当地请求休息"可以显著减少问题行为。然而，孩子如果一直在休息，就可能会错过学习新知识的机会，他的经验将无法得到扩展。

减少问题行为是必要的，但不是最终目标。我们应该将替代行为视为短期目标，同时要考虑长期目标，即为孩子创造条件，使他能够积极参与任务和活动，学习新事物，这一点非常重要。

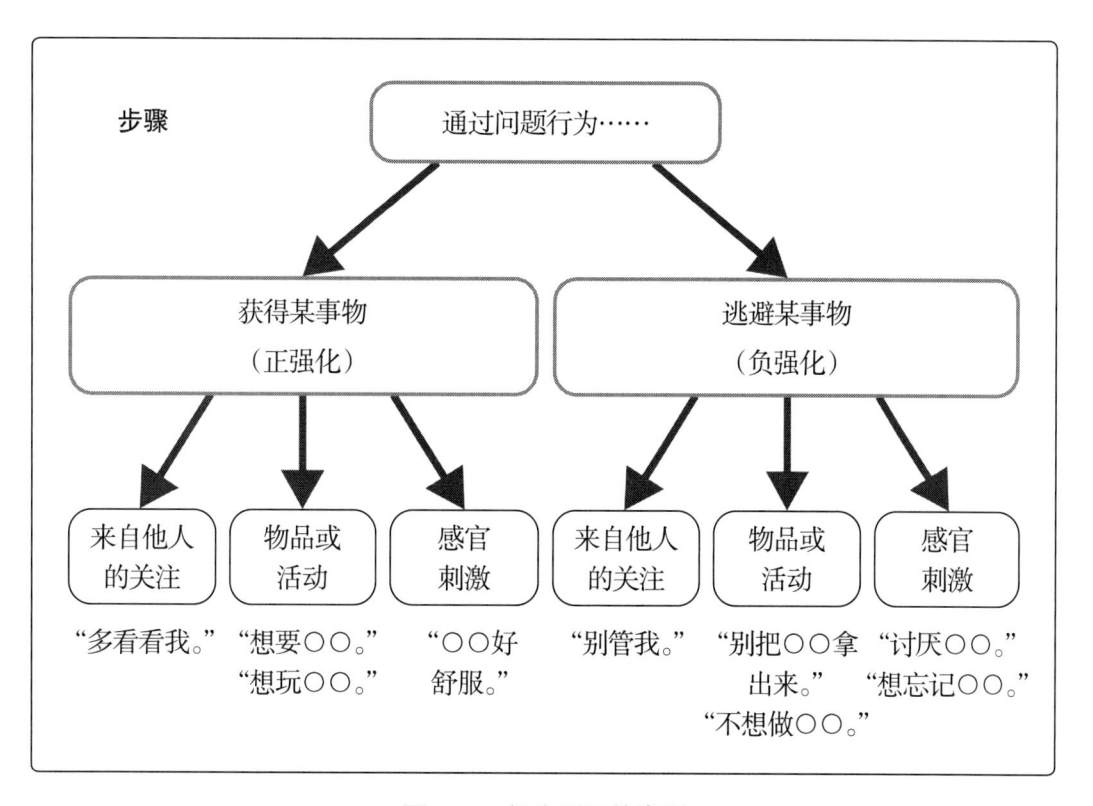

```
步骤                通过问题行为……
                   ┌──────┴──────┐
              获得某事物          逃避某事物
              （正强化）          （负强化）
         ┌──────┼──────┐    ┌──────┼──────┐
      来自他人  物品或   感官   来自他人  物品或   感官
      的关注   活动    刺激   的关注   活动    刺激
      
     "多看看我。" "想要○○。" "○○好  "别管我。" "别把○○拿  "讨厌○○。"
              "想玩○○。" 舒服。"          出来。"   "想忘记○○。"
                                      "不想做○○。"
```

图 2-1　行为后果的类型

问题 3

相同的活动或教学，有时会成功，有时却会失败。

（上一次明明可以的……）

今天有个孩子又拒绝参加活动了。我曾经处理过这个问题，今天又试了一下，竟然不再奏效了，真不知道怎么办才好。有什么方法可以帮我重新考虑活动内容和教学方法，并从中找出问题加以解决吗？

回答

从减少问题行为的三个视角重新审视支持方法。

根据问题行为的目的和原因全面制订策略。关键词是"预防""行为教导"和"行为后处理"。

步骤 3　制订并执行策略

3. 三种策略

> 制订三种策略："预防""行为教导"和"行为后处理"

解决问题行为，应该根据"功能评估"结果，分别基于行为 ABC 的三个方面，制订"预防""行为教导"和"行为后处理"这三种策略，如图 2-2 所示。第 38 页讲述的"替代行为"是关于 B 的策略。我们需要制订针对 A、B、C 的三种策略，以确保替代行为能够替代问题行为，促进问题的解决。

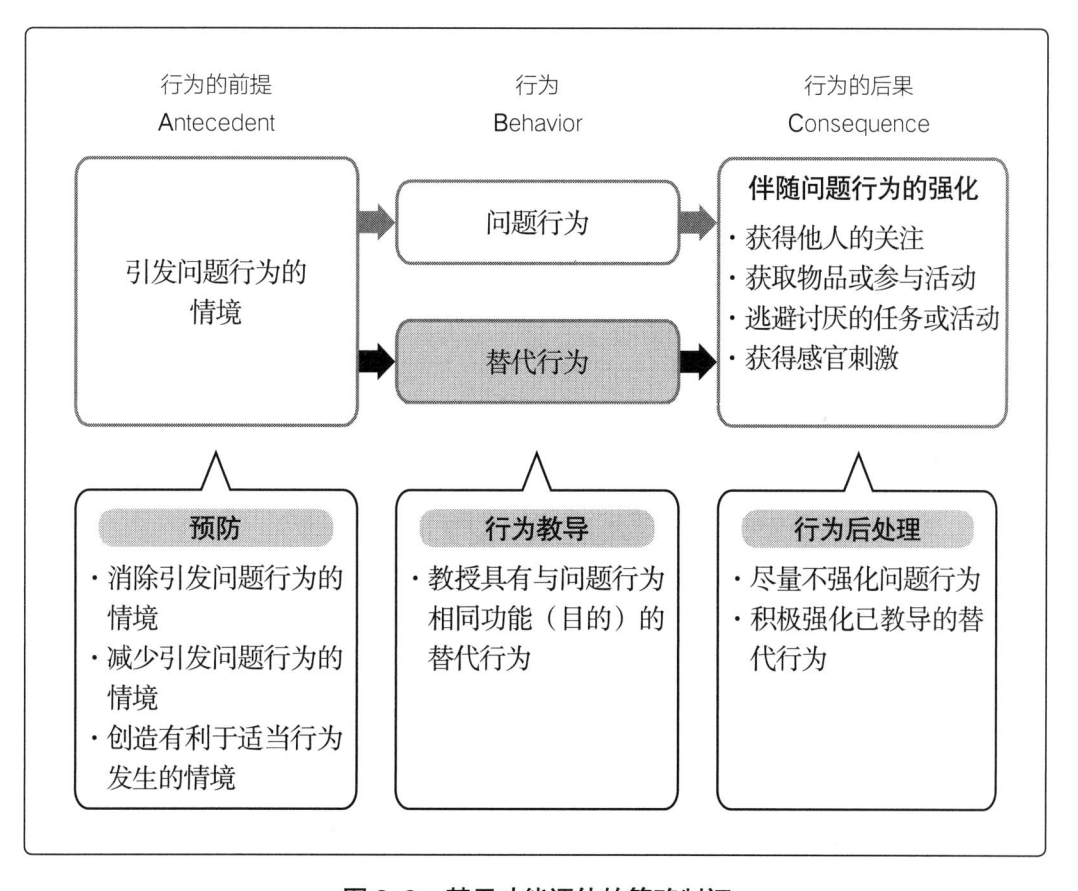

```
行为的前提                  行为                    行为的后果
Antecedent              Behavior                Consequence

                    ┌─── 问题行为 ───┐      伴随问题行为的强化
                    │                │      ·获得他人的关注
引发问题行为的                               ·获取物品或参与活动
    情境                                     ·逃避讨厌的任务或活动
                    └─── 替代行为 ───┘      ·获得感官刺激

    ↑                    ↑                    ↑
  预防                 行为教导              行为后处理
·消除引发问题行为的   ·教授具有与问题行为    ·尽量不强化问题行为
  情境                 相同功能（目的）的    ·积极强化已教导的替
·减少引发问题行为的   替代行为                代行为
  情境
·创造有利于适当行为
  发生的情境
```

图 2-2　基于功能评估的策略制订

预防［针对 A（前提）的策略］

（1）减少问题行为的诱发因素

问题行为的诱发因素指的是，我们可以用来预测"当特定情境或条件存在时，几乎必然导致该问题行为发生"的直接触发事件。例如，人多的场合，讨厌的食物，不喜欢的活动，特定的指令或措辞，与总惹麻烦的同学打交道，等等，都可能是诱发因素。

尽管问题行为的诱发因素很明确，但在某些情况下，想要彻底消除这些因素可能不现实，因此，我们可能需要通过调整孩子接触这些因素的时间、量或程度等来减少问题行为。将"完全消除诱发因素"作为长期策略显然是不合适的，比如在学校教育中不让孩子参与任务或不让他与其他同学互动。行为支持的最终目标不是消除问题行为，而是拓展儿童的经验，促进学习，提高生活质量，因此，我们不应该过于强调问题行为的预防而限制教育机会或日常活动的范围。

但是，在某些情况下，如果问题行为的预防被视为首要任务，我们就应该大胆地改变环境设置和灵活地设置日常安排。此外，即使诱发因素已经被完全消除，根据儿童的进展和行为改善的趋势，阶段性地增加儿童接触这些因素的时间、量和程度等也是一种选择。

（2）创造容易出现适当行为的情境

问题行为通常不太会与适当行为同时发生，因此，创造容易发生适当行为的情境就可以有效预防问题行为的发生。为了创造适当行为易于发生的情境，我们可以采取一些策略，例如，明确日程安排，具体告知何时、何地、做什么及需要做到什么程度。

对于那些对语言指令理解不足的孩子，我们应同时提供视觉提示。由于语言指令等听觉信息会很快消失，但视觉信息可以一直存在，因此，孩子不需要记住内容，在需要时查看即可。

此外，我们认为，在活动中创造让孩子自主选择的机会也可以促进孩子的积极参与，从而预防问题行为的发生。自主选择的实例包括让孩子选择活动的内容和顺序，使用的教材和工具，以及活动结束后的"乐趣"等。

在活动开始之前，我们如果预测该问题行为容易发生，就可以重新针对适当行为进行指导并提醒孩子，这也会有助于预防问题行为的发生。此外，在活动中，当问题行为出现征兆时，提醒孩子或给孩子提供选择（例如，"是继续活动，还是休息？"）也可能是有效的。

(3）调整间接因素

问题行为并不总是在相同的诱发条件下以相同的方式发生。例如，有一天，当我们要求孩子执行某项任务时，他可能会勉强地完成，而在另一天，相同的指令却可能会引发问题行为。然而，经过调查，我们也许会发现，当天孩子的强烈拒绝是因为身体不适。在这种情况下，身体不适被认为是影响"问题行为发生的难易程度"的间接因素。

这些间接因素可能包括：
- 生理因素：睡眠不足、生病、饥饿、口渴、皮肤瘙痒、疲劳、药物影响、月经等。
- 物理因素：温度、湿度、噪声音量、场地面积等。
- 人际和社会因素：与某人有过纠纷、之前未能实现自己的期望，以及周围人的关注程度，日程的内容、强度及特定人物的存在等。

我们一旦发现这些因素会对问题行为产生影响，就需要考虑采取适当的医学治疗方法或调整物理环境，从而预防或减少问题行为的发生。

另外，我们如果能及时了解上述间接因素的相关信息，例如，在孩子上学前就被告知"他今早被他妈妈训斥后情绪不稳定"的情况，就可以根据孩子的状态调整当日的任务目标。

行为教导［针对 B（行为）的策略］

（1）验证所选替代行为是否适宜，需要从"功能"出发

正如第 38 页所述，功能评估可以帮助我们确定问题行为是出于"寻求他人的关注""获取物品或参与活动""获得感官刺激"还是出于"逃避"的目的。我们一旦了解了问题行为的功能，就可以设定与之具有相同功能的适当行为（替代行为）作为目标。

需要注意的是，如果行为的"功能"不同，那么新教授的行为将无法替代问题行为。选择或调整替代行为时，我们一定要了解"为什么这么做"，即了解行为的功能。

（2）掌握沟通技巧

在问题行为的功能中，除了"获得感官刺激"，其他与"寻求他人的关注"和"获取物品或参与活动"相关的内容，我们都可以视为具有"沟通"的意义。因此，我们在瞄准已经找到的"功能"而选择适当的替代行为时，就需要了解孩子当前具备的沟通技能的实际情况。

沟通方式不仅仅限于使用口头语言。不论是手势、图片还是其他工具，只要孩子能够使用它在特定情境中表达自己的意图，那么，这种沟通行为就可能会替代问题行为。

需要注意的是，问题行为的功能（目的）本身并不是"问题"，对于我们所有人来说，吸引他人的关注、表达需求、表达拒绝之类的沟通本身是非常重要的。

问题在于这种沟通的"方式"，也就是说这些沟通必然会被孩子以某种形式表现出来。

我们可以使用表 2-2 确认行为的"功能"和"类型"。

表 2-2 功能评估的收集信息示例

沟通的功能 \ 沟通的类型	靠近对方	用表情和眼神	对提问做出是/否回答	拉拽对方	用手指	用手势	用照片或图片	发声	口语（单词）	口语（句子）
适当地吸引他人的注意	○	○	/	○	○	×	×	×	×	×
适当地要求获取物品或参与活动	○	○	○	○	○	×	○	×	×	×
适当地请求帮助	×	×	×	×	×	×	×	×	×	×
适当地请求休息	×	×	○	×	×	×	×	×	×	×
适当地表达身体不适或疼痛	×	×	×	×	×	×	×	×	×	×

※ 在"类型"和"功能"交叉的地方记录孩子掌握技能的实际情况。比如，在本表中使用"○"表示"已掌握"，使用"×"表示"尚未掌握"，使用"/"表示"无法评估"。根据这些信息，我们可以考虑今后需要教授哪种新的行为"类型"，或者需要确保行为具有哪种"功能"等。

行为后处理 [针对 C（后果）的策略]

要解决问题行为，我们不仅需要培养孩子的替代技能，还需要考虑孩子在哪些条件下会选择做出替代行为而不是问题行为。

（1）孩子是"选择"做出问题行为还是"选择"做出替代行为

孩子对"行为的选择"受到之前该行为产生的后果的影响。影响因素主要有三个。

① 强化的确定性

孩子倾向于选择有更高机会获得强化的行为。举例来说，一个孩子以"破坏教具"来逃避任务，目前他已经学会了"使用请求休息的沟通技巧"作为替代行为，但如果我们不能确保在孩子做出这个替代行为之后就能够得到休息，那么孩子就可能会有"与其适当地请求休息，不如靠做出问题行为获得休息机会"的体验。于是，这个孩子可能就不再采用替代行为，最终导致其问题行为并没有减少。

② 强化的数量和质量

孩子倾向于选择可以获得更多或更高质量强化物的行为。例如，当孩子破坏教具时，为了安抚孩子的情绪，老师给予他大约 30 分钟的休息时间，并允许他参与自己喜欢的活动，可是，当他适当地请求休息时，却只能获得 1 分钟的休息时间，那么孩子以后选择替代行为的可能性就会降低。

③ 强化的即时性（获得强化物所需的时间或速度）

孩子倾向于选择能够更迅速地获得强化物的行为。例如，如果孩子在没有出现问题行为的情况下适当地请求休息，而大人觉得"孩子今天状态好，应该再多做一会儿任务"，从而推迟了休息，那么孩子以后选择替代行为的可能性就会降低。

（2）影响"行为选择"的因素存在于环境中

在教授具有与问题行为相同功能的替代行为之后，我们需要采用针对行为后果的强化策略，让替代行为更容易被选择。综上所述，我们应该制订计划，使替代行为能够更确定、更强、更快地得到强化，这一点非常重要。

当替代行为无法成功取代问题行为时，我们可能会听到这样的解释："因为孩子的问题很严重，所以他很难做到。""孤独症谱系障碍的特征就是会让他执着于做出这种行为。"然而，影响"行为选择"的因素并不在于孩子自身，而在于我们能够明确改变的环境。我们只有认识到这一点，才可能开始考虑具体的应对措施。

专栏 1

为什么"惩罚"和"忽视"没有奏效

"让行为减少发生"的行为后果有三种类型：行为发生之后，出现了对个体有负面影响的情境，即"正惩罚"；行为发生之后，对个体来说有正面影响的情境消失了，即"负惩罚"；行为发生之后，情境未发生变化，个体也没有正面的体验，即"消退"。

惩罚程序的效果在于可能会"立即减少行为的发生"，但需要注意的是，惩罚程序虽然可以抑制行为的发生，但不会教给孩子新的技能。

我们已经知道，惩罚程序存在多种副作用。例如，孩子可能会出现"适应惩罚程序""学会如何不被发现""避开施加惩罚的人""变得消极和胆小""模仿使用惩罚程序的成年人"等问题。此外，我们应注意"惩罚程序容易强化它的使用者"这个问题，一次处理就能立即抑制问题行为的发生，这对我们来说会显得"很有魅力"。

当孩子出现问题行为时，我们可能会采取不满足孩子的要求或不允许孩子逃避的处理方式，在 ABA 中，这种"不强化行为"的方法被称为"消退"。这是 ABA 中一个重要的行为原理，但要注意的是，被消退的行为会有一个暂时升级的阶段，如果我们在这个阶段选择妥协，就会强化孩子"升级后的问题行为"。也就是说，尽管我们付出了努力，但孩子的问题行为可能反而会变得更严重。

问题 4

为了确保有效支持，应该采取哪些措施呢？

虽然我已经尝试制订支持计划以解决问题行为了，但经常会遇到无法按原计划执行的情况。此外，当多位支持者合作时，每个人对支持计划的理解也许会存在差异，因此，采取的支持措施无法完全一致。

回答

试着制订可行的行为支持计划。

无法按计划执行是完全有可能的，我们需要考虑的是使支持计划更易实施的方法和团队协作的方式。

4. 行为支持计划

将相关的信息和方法书面化，根据实际情况制订适当的计划

对于收集到的关于孩子的问题行为的信息，我们不要只留存在脑海中，而应该将其作为支持计划写在纸上。通过这样的书面记录，我们可以与多位教师及不同教育机构和服务机构的工作人员共享一套支持方案，从而增加计划的可行性。

（1）有效的计划需要基于功能评估结果

为了确保行为支持计划符合实际情况，我们需要进行适当的功能评估，并基于评估结果和行为原理制订计划。图2-3提供了行为支持计划的书面示例，支持者可在根据功能评估结果制订支持计划时参考。

（2）平衡"可行性"和"有效性"

要想真正解决问题，行为支持计划不仅要有效，还必须能够在现场执行，否则就只是纸上谈兵。

如图2-4所示，我们在制订行为支持计划时要充分考虑"可行性"，同时必须考虑使计划变得有效的因素。这两者之间的平衡非常重要。

（3）影响可行性的因素

影响计划可行性的常见因素包括以下五个方面。

① *教师的时间*

通常情况下，教师除了要执行针对特定孩子的行为支持计划，还要履行多项其他职责。如果有太多职责而让教师感到工作繁忙，行为支持计划的执行就很可能会被忽视。针对这样的"时间"问题，一个解决方案是，重新安排团队成员分工，或者尽量简化策略。

② *场所和设备*

虽然我们在行为支持计划中经常会制订像"在一个清静的地方指导孩子确认日程表"，或者"在孩子情绪激动时，提供一个清净的房间使其冷静下来"这样的策略，但是现实中要创造这些物理条件可能会非常困难。制订在现有条件下可行的策略，是基本原则。我们尝试在一些小的布局或日常安排上做出改进，也许就能够改善现状。

另外，对于某些紧急情况，只要条件允许，我们就应考虑根据具体情况准备新场所、新设备。

③ *费用*

与场所和设备有关的是费用问题。费用问题不仅包括如准备场所和设备等主要方面的费用，还包括为执行行为支持计划所需的教材、教具和强化物的采购费用。

④ *教师的态度和理念*

如果教师极端悲观，如认为"对这个孩子做什么都没用"，那他就很可能不会积极参与行为支持计划的执行。此外，如果教师认为"对孩子就应该严管""不应该用奖励操纵孩子"等，那么在这样的观念之下，他就可能不会接受一些支持方案，如代币经济。

针对这些问题，我们有必要向各方分享行为支持计划，并对其中涉及的各项策略都做出详细的说明。分享的内容包括每项策略的基本理论及实施该策略对目标孩子的必要性和预期效果，以及有关其他成功案例的信息。

⑤ *教师的经验与能力*

教师要想正确执行前文提到的塑造、任务分析、行为链、辅助、渐褪，以及鼓励替代行为而不强化问题行为等应对措施，仅仅通过接受口头或书面方式的教学很可能是不充分的，还需要接受多次系统的技能培训。

Antecedent

间接影响行为发生的可能因素

- 物理因素
- 生理因素
- 人际和社会因素

➡️

行为的诱发因素

直接导致问题行为出现的活动、任务、情境、指令和人物等

➡️

针对间接因素的策略
- 减少影响问题行为的负面因素
- 创造有利于期望行为发生的环境
- 根据孩子的状况设定目标

针对行为诱发因素的策略
- 完全消除会引发问题行为的诱发因素
- 减少问题行为的诱发因素（不适合完全消除的情况下）
- 提供有利于适当行为发生的提示，进行语言沟通，对任务进行调整

图 2-3　行为支持计划示例

第 2 章　解决问题行为的 3 个步骤 | 051

Behavior　　　　　　　　　　　　Consequence

适当行为

能够"增加参与机会""开始学习新技能"和"扩大选择机会"的行为

→ **后果**
- 有成就感
- 获得周围人的赞扬和认可
- 获得奖励

问题行为

以可观察、可记录的方式客观具体地描述

→ **后果**
- 通过问题行为获得的事物（正强化）
- 通过问题行为逃避的事物（负强化）

替代行为

- 与问题行为具有相同功能
- 具体的方法和形式需要根据孩子的技能而定

针对行为指导的策略
- 设定替代行为作为短期目标
- 设定期望行为作为长期目标
- 塑造、任务分析、辅助和渐褪
- 使用工具弥补孩子的技能不足

针对后果的策略
- 更有效地强化替代行为而不是问题行为（更确定、更强、更快）
- 尽量不强化问题行为
- 强化长期目标，即期望行为

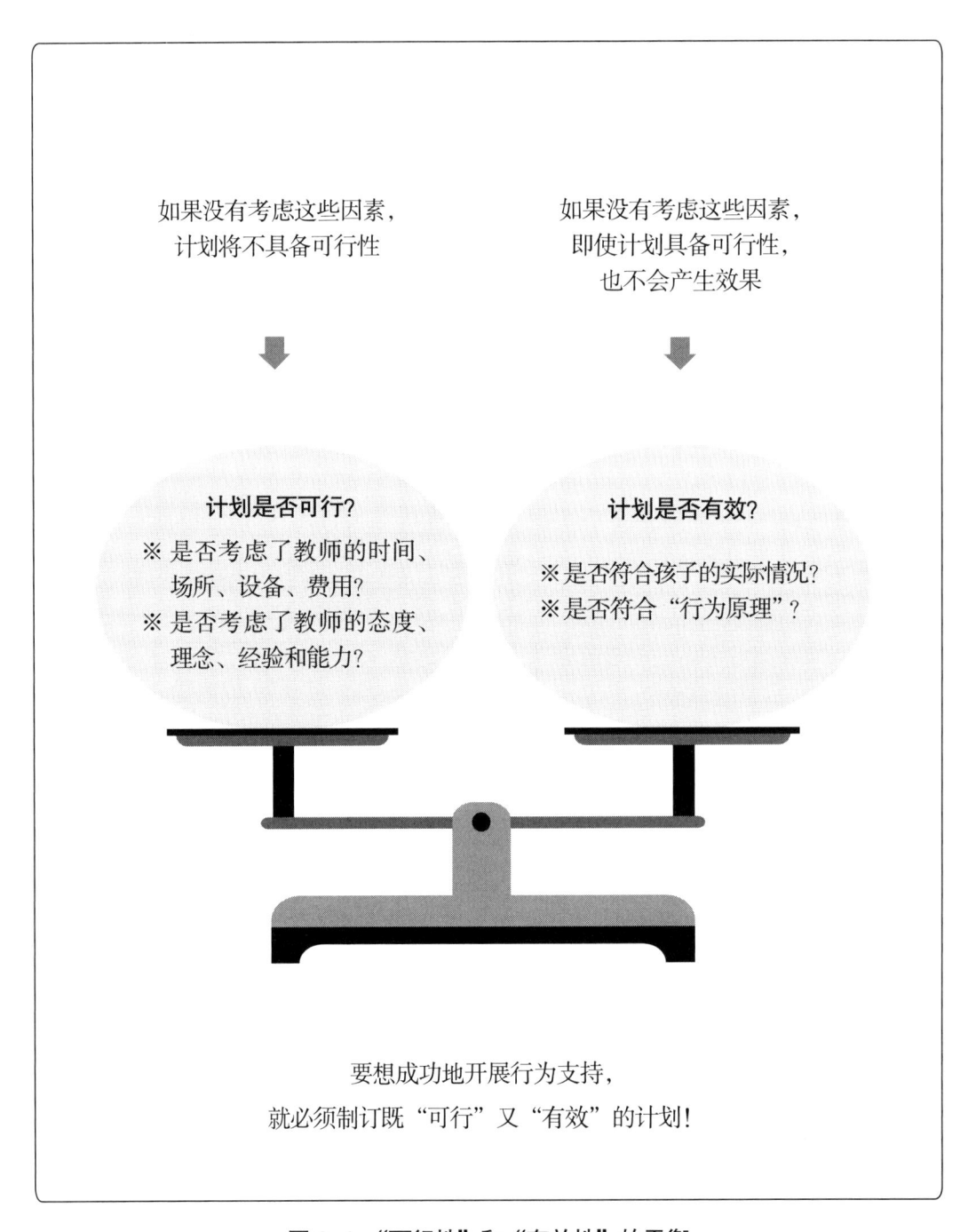

如果没有考虑这些因素，计划将不具备可行性

如果没有考虑这些因素，即使计划具备可行性，也不会产生效果

计划是否可行？
※ 是否考虑了教师的时间、场所、设备、费用？
※ 是否考虑了教师的态度、理念、经验和能力？

计划是否有效？
※ 是否符合孩子的实际情况？
※ 是否符合"行为原理"？

要想成功地开展行为支持，
就必须制订既"可行"又"有效"的计划！

图 2-4 "可行性"和"有效性"的平衡

原来如此！小樱笔记 ④

◎ 减少问题行为发生的方法

了解为什么会出现这种行为（行为的目的）。

↓ 目的 = 功能

这就是**功能评估**。

收集 行为发生之前、行为 和 行为发生之后 的信息。
　　　　　A　　　　　　B　　　　　　C

同时，要了解孩子的沟通技能。

◎ 通过功能评估理解行为的功能

问题行为的发生可以带来 { 他人的关注 / 物品或活动 / 感官刺激 } → 获得这些（正强化）/ 逃避这些（负强化）

如果孩子能利用问题行为更确定、更强、更快地获取所需，那么即使他掌握了替代行为，也不会采用替代行为。

为孩子提供支持时，应着眼于作为长期目标的适当行为！

◎ 为了确保行为支持计划成功

是否可以实施 / 是否真的有效 } 这两点很重要

需要在执行过程中修订和调整计划。

终于明白为什么不能光靠训斥处理问题了。

问题 5

如何重新审视行为支持计划?

在行为支持中,我制订了计划,也认真执行了,但没有看到成果,该怎么办呢? 相反,当支持计划进行得很顺利且达到了目标时,我又该怎么做呢? 我还需要继续执行这个计划多久呢?

回答

记录与行为问题相关的信息。

要想准确了解行为支持计划是否有效,记录是最好的方法。此外,我们要比较计划执行前后的情况,还要定期对计划进行评估和修正。

5. 行为支持计划的评估与修正

> 以数据记录为基础，重新评估行为支持计划

实际上，正确地评估一个行为支持计划是否有效并不简单，因为我们很容易为孩子的日常表现情况患得患失。

（1）记录行为并将其作为数据证据

要想对情况进行正确评估，我们需要掌握一定程度的客观信息。为了获取这样的信息，我们可以实际计数或测量儿童的行为次数和持续时间，或者事先确定 5 级评估等级标准，对特定期间内行为的频率和强度进行记录。

（2）将数据可视化并进行对比

正确评估的关键在于"数据可视化"和"计划实施前后的对比"。我们可以将行为记录绘制成图。这样即使支持计划持续的时间很长，我们也能一目了然地看出行为的变化。

在开始执行支持计划之前，记录行为和详细分析数据非常重要。我们可以首先分析在支持计划开始之前问题行为发生了多少次，次数增加或减少的波动如何，如果这种波动较大，其原因是什么。

然后，如图 2-5 所示，我们可以将支持开始后的记录添加到图中，比较支持前后的情况。我们可以通过对比支持前后每个行为的总体水平（曲线高度）和趋势（曲线斜率），分析支持前后目标行为的频率（增加或减少），从而评估支持效果。

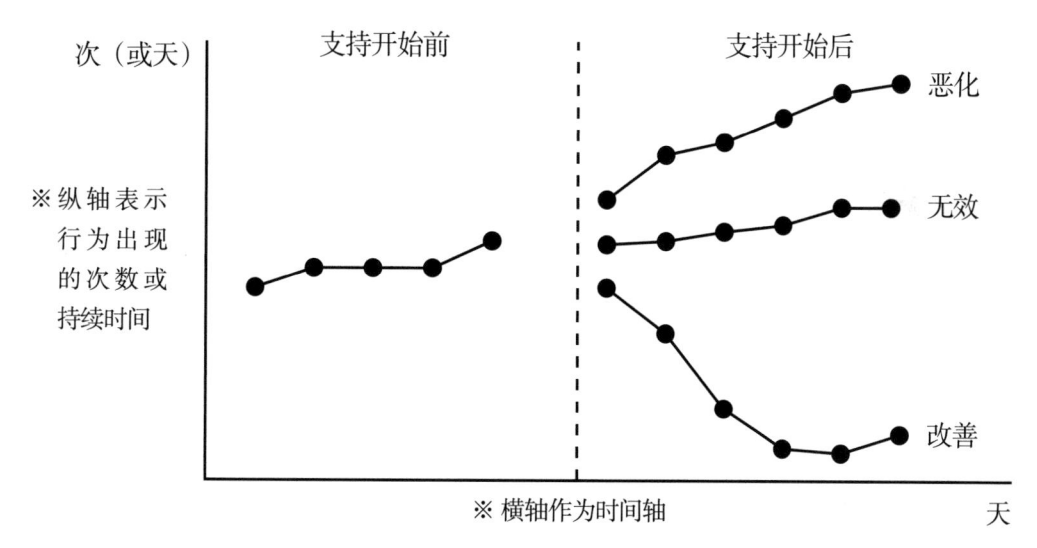

图 2-5　行为数据图示例（减少问题行为发生的情况）

(3) 修正行为支持计划的关键点

如上所述，根据记录数据来评估行为是否改善之后，我们再制订后续的处理方案。如果支持计划实施后行为有所改善，原则上我们就可以继续执行该计划。

相反，我们如果无法确认行为的改善情况，就需要寻找原因并采取相应的对策。事实上，许多案例未能成功的原因主要在于存在"执行问题"。特别是在支持计划较复杂，或者涉及多位教师和支持者的情况下，这个问题更容易发生（参考第48页）。为此，我们可以分析支持计划未被执行的原因，并考虑图2-6所示的对策。

另外，除"执行问题"外，未能成功的原因还可能是支持计划本身存在问题。例如，有关支持计划的评估信息不足或存在错误。如果是这个原因，我们就需要收集更多的信息。如果收集到的信息是适当且充分的，我们可能就需要考虑支持计划的制订方式是否存在问题。如果是这个原因，我们就需要向更专业或更有经验的人寻求建议。

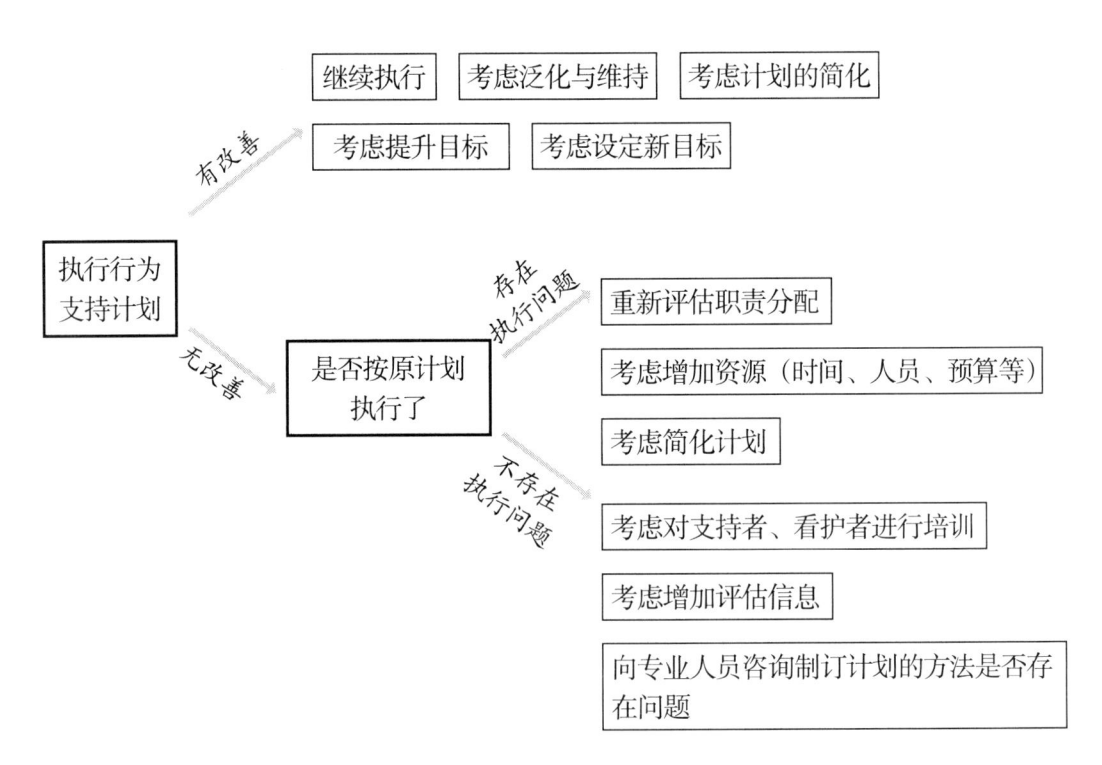

图 2-6　决策过程示例

专栏 2

为什么行为支持计划会失败

行为支持计划失败通常有两个主要原因。

第一个原因是计划本身存在问题。这个原因可以进一步细分为"信息收集问题"和"计划制订问题"这两个方面。如果是信息收集方面的问题，我们则需要开展额外的访谈或直接观察，以获取更多信息。如果是计划制订方面的问题，我们则需要咨询更专业的人员，以获得适当的建议。

第二个原因是计划未能被认真执行。这个原因受计划"可行性"的影响较大。此外，"执行行为支持计划的团队成员未充分理解自己的职责"的问题也可能存在。在有多名成员执行计划的情况下，这样的问题更容易发生。应对这种情况的一个有效方法是，将行为支持计划制作成文档资料并分发给相关人员，明确告知每位成员关于"谁、何时（到何时为止）、在哪里、做什么"的具体安排。

此外，为了评估支持计划执行之后孩子的变化，我们需要预先确定"跟进会"的安排，并将其呈现在日程表中。如果行为支持计划被视为有效，我们则可以做出关于"持续计划""简化计划"或"提升目标阶段"的决策。相反，如果行为支持计划被认为不够有效，我们则需要考虑对计划进行修改。

第 3 章

扩展并巩固
行为支持的成果

问题 1　在学校里能做到的事，在家里却做不到。

学校

家

在学校开展行为支持后，孩子的适当行为增加了，行为问题得到了缓解。然而，在家等学校以外的地方，他似乎仍然保持着之前那种不良状态。这是因为孩子的"应用能力"到达极限了吗？

回答

有可以扩展并保持这些成果的方法。

并不是孩子的"应用能力"到达了极限，而是从某种意义上说，孩子学会了区分场景。我们接下来会讨论如何进行"泛化"，即如何将在特定情境下获得的成果扩展到其他情境中。

步骤 1　增加"在这里也能做到"的练习!

1. 泛化

扩展成果的范围

教育的目标之一是让孩子掌握知识和技能,这是毋庸置疑的。然而,如果这些成果仅用于极其有限的范围,或者仅在短期内实现,那么其价值将大大降低。

例如,假设孩子在教室里学会了某项技能。虽然这是一项重要的成果,但如果这项技能"孩子只能在教室里做到",那么教师必须意识到这是教学方面的问题。

(1) 什么是"泛化"和"尚未泛化"

在特定的情境(如特定的场所、教师、教材等)中获得的行为,在其他情境中也能以相同方式发生,被称为"泛化",如图 3-1 所示。

反之,"未泛化"或"尚未泛化"的状态指的是,由于情境变化,先前的行为不再发生,或者在某一情境中取得的学习成果,在其他情境中无法表现出来。例如,"在学校里能做到的事情在家里做不到""对着某个特定对象练习而掌握的沟通技能却在与其他人交流时无法展现""在家里得到缓解的行为问题在学校里却未得到缓解"等,这些情况都属于这种状态。

在学校里能做到的事　　在家里也能做到　　毕业后,在社区中也能做到

图 3-1　"泛化"示例

(2)对成果的"维持"需要"维持"支持者的行为

行为一旦实现了泛化,接下来就会面临"维持"的问题。"维持"指的是使一个得到改善的行为长期持续。改变行为本身就不容易,坚持下去更难,几乎每个人都有"三分钟热度"的经历。

值得注意的是,要想"维持"成果,我们不仅需要"维持"孩子的行为,还需要"维持"孩子身边的支持者的行为。

(3)设置和调整泛化场景的环境

如果孩子在某个场景中(即在教师的指导和环境设置下)学会了某个行为,我们就将该场景称为"指导场景",将我们期望出现泛化的场景称为"泛化场景"。

为了将在指导场景中获得的成果扩展到泛化场景中,我们首先需要考虑的是,要尽可能使泛化场景的环境接近于指导场景。比如,如何将在指导场景中支持孩子行为的前提(A)和后果(C)引入期待出现泛化的场景中。

- 前提(A)包括房间布置、教材、指令或语言提示、时间表等。
- 后果(C)包括对适当行为的赞扬、奖励系统等。

要实现这一点,我们需要与孩子周边的相关人员进行信息描述和分享。重要的不是仅仅描述孩子"能做或不能做某事",而应该是整理信息,描述"在什么样的环境中孩子能做或不能做某事"。我们在制订个别化支持计划时,应该设计适当的文档格式,以便对这种"环境因素"进行描述。

对于孩子来说,物理环境只是环境因素的一种,周围人与孩子的互动方式也是非常重要的环境因素。然而,仅同周围人分享与孩子的互动方式的相关信息,并不意味着他们与孩子的互动方式就会持续地改变。我们可能需要根据具体情况,对孩子周围的相关人员进行培训和训练,甚至管理他们与孩子的"互动方式"(如使用列出具体任务的清单等办法)。

在学校环境中,其他孩子也是重要的环境因素。其他孩子如果有偏差行为倾向,可能会阻碍这个孩子的适当行为的泛化,并引发问题行为。相反,其他孩子也可能产生好的作用,比如提供适当行为的示范,或者提供促进泛化的辅助等。

(4)考虑易于泛化的指导方法

在教授孩子新行为时,除了调整指导场景的环境,我们还可以通过改进指导方法促进泛化。

① *在多种情境中进行练习*

在教授孩子学习新技能时,如果我们尽可能不改变条件,保持在相同指导者、相同设置、相同教材和相同教具的情况下开展教学,通常都会有效。

但是，孩子在这样固定的情境中学会的行为，对环境变化的适应可能会很脆弱。在单一条件下，虽然孩子可能会更快地"习得"行为，但行为的泛化却不容易发生。相反，虽然孩子对新技能的学习可能会变得困难，但是，如果我们从指导阶段就开始有意地在一定范围内对情境的变化做出布置，让孩子在多种训练条件下都能练习同样的行为技能，那么，这就有助于泛化。等孩子在一定程度上学会了某个目标行为之后，我们可以通过有计划地改变支持者、伙伴、场所、环境布置、教材、教具和指导方式等，训练孩子更加灵活地适应多种情境。

此外，我们可以在多种情境中找到相似之处，将其作为指导教学的代表性例子，这也能够有效地促进泛化。例如，在进行购物学习时，我们可以通过对购物的一系列必要行为进行任务分析，进而根据行为的相似性，将商店分成不同的组，如"超市类型""便利店类型""面包店类型""汉堡店类型"，这样一来，只要让孩子练习每组中的一个商店，孩子也许就可以在进入同类型的其他商店时，即使未曾在此直接练习也能进行购物。

② **系统地"淡化"强化**

在孩子学习新行为的早期阶段，尤为重要的一点是，我们需要尽可能每次都对目标进行强化。然而，每次都受到强化的行为对"消退（不再受到强化）"的抵抗力较低，一旦被消退，这种行为就很可能会比较迅速地消失。

因此，我们可以考虑的策略是，在指导达到一定阶段后，有计划地逐步"淡化"对行为的强化。这对于行为的"维持"是非常重要的考虑因素。

例如，我们可以针对某种目标行为，系统、有计划地减少口头表扬的频率，"每出现两次目标行为表扬一次"→"每出现五次目标行为表扬一次"→"每出现十次目标行为表扬一次"。再如，在采用目标活动结束时进行积分奖励的代币系统时，我们可以逐步对积分的奖励时机做出系统性的调整，"每节课结束时"→"上午和下午各一次"→"每天一次"→"每周一次"。通过这样延长"评估间隔"的方法"淡化"强化，就可以增强强化后的行为对"消退"的抵抗力。

然而，我们不应该将"即使不进行强化，某行为也能出现"作为最终目标。因为行为支持的目标是将孩子获得正强化的机会最大化，为了实现这个目标，我们要让孩子能够灵活地行动。在训练阶段"淡化"强化的目的在于培养孩子通过付出一定努力获得重要强化时所需的"坚韧性"和"耐性"，以便他们未来能够获得更大的强化。

③ **教授孩子"自我管理"的方法**

如果孩子能够自行制订或调整"促进行为建立的 ABC"，那么他们受环境变化的影响就会相对较小。教他们学会管理那些会影响自己行为的因素，是促进泛化和维持的有效选择。

例如，对于行为的前提（A），我们可以考虑指导孩子学会做这样的事，例如，"组织自己该做的事情，制订时间表和任务清单""自己设定目标""自己准备必要的教材、教具和工具""远离可能引发偏离行为的因素""远离可能诱发行为问题的人"。

对于行为的后果事件（C），我们可以考虑指导孩子学会做这样的事，例如，"记录自己的行为""自我评估""自我强化（比如，根据目标的完成度，进行喜欢的活动，吃喜欢的食物等）"。

此外，在行为（B）方面尚存不足时，我们也可以指导孩子不依赖他人的辅助，而是自行解决问题，例如，教他去参考"流程图"或"指导手册"等。

另外，在无法判断或面临无法自行解决的问题时，培养孩子向他人报告或向他人咨询的沟通技巧也是非常重要的，因此，我们需要同时对此开展指导。

问题 2

在多人合作中,有哪些行为支持的技巧?

当多人合作对孩子开展行为干预时,每个人设定的目标、支持的方法和价值观都可能各不相同,这会导致步调不一,甚至让孩子感到困惑。即使大家能够设法协调,要保持一致通常也很困难。

回答

建立团队合作机制。

ABA 所关注的不仅仅是孩子的行为。我们还需要对孩子周围的相关支持者的行为开展 ABC 分析,也就是思考支持行为的 A、B、C 的步骤和机制。

步骤 2　团队合作

2. 建立团队合作

ABC 分析对于支持者的支持行为同样有效

在开展行为支持的场所，无论是学校、家庭还是机构，大多数情况下都会有很多人共同参与这个过程。然而，与孩子有关的每个人对孩子的期望，以及每个人能够接受和不能接受的事情，多少都会有些不同。

此外，每个人对于行为支持的知识储备，以及实际上能够与孩子有效交流的支持技能和熟练程度，也不相同。因此，支持者之间建立共同的支持方向是非常重要的。

（1）将与孩子相关的人员组成团队

在行为支持中，"团队"是指拥有共同目标、方法与成果的人群。对支持者的行为开展 ABC 分析，可以帮助我们建立共识，明确需要的各种条件，从而帮助支持者建立恰当的支持行为，并且维持这种行为。我们可以通过共享支持行为的 A、B、C 的信息，将孩子周围的相关人员组成一个团队。

（2）努力通过正强化维持团队合作

我们运用行为分析框架，让团队成员了解的内容包括：（A）明确自己应该做什么；（B）开展练习或实战支持，促进支持计划的正确执行；（C）认真积累"做得好"的成功经验。

积累"做得好"的经验尤其重要。我们可以将孩子的成长和进步信息制作成可视化图表并与成员共享，从而建立一个依靠"正强化维持"的团队。团队成员如果互相赞扬，鼓励各方的努力付出、认真仔细，同时创新探索，就能顺利地开展行为支持工作，并且乐在其中。

（3）哪些人可以被看作团队的成员？

孩子周围的所有相关人员互相分享信息、交换意见并开展密切合作，当然最好，但往往不现实。在这种情况下，我们可以根据每个人与孩子的关系，或者与孩子互动的频率等，分层次地对相关人员开展督导。我们可以将相关人员大致分为：

① 经常与孩子交往，并且在行为支持计划中发挥主要决策作用的人员。

② 经常与孩子交往，但在行为支持计划中不发挥主要决策作用的人员。

③ 与孩子见面频率较高，但日常不直接参与互动的人员。

第①组和第②组的人员更适合被看作团队成员参与行为支持，尤其是第①组的人员，他们需要为行为支持制订执行步骤和协调机制。

团队在支持过程中需要开展的工作包括以下步骤：❶掌握实际情况；❷设定目标；❸制订计划；❹执行计划；❺评估和修正计划。每个步骤都需要团队成员开展协作。

此外，在协作中，团队需要建立以下机制：

- 成员对上述步骤的必要性达成共识。
- 明确成员各自具体的职责分工和步骤实施的时间安排。
- 为孩子设定支持计划的目标。
- 在执行、评估和修正计划时，明确孩子的基本信息、周围的环境信息，以及关于目标行为的行为记录（数据）。
- 明确做出决策时成员之间的沟通方式（例如，提前安排好会议日程，运用网络交流工具等）。

（4）设定目标

行为支持的目标可以分为两大类："增加适当行为"和"减少问题行为"。这里很重要的一点是，不要只将支持目标设定为"减少问题行为"，我们如果这样设定目标，就很容易对孩子设置各种限制，只求"让孩子不出问题"，甚至可能极端地将"让孩子什么也别做"作为支持目标。

因此，我们在设定行为支持的目标时，务必包含"增加适当行为"的内容计划，例如，提高沟通能力、参与活动、处理任务或工作、遵守规则与指令，以及安排闲暇活动等。

要增加适当行为，团队成员必须考虑孩子及其共同生活者的实际情况和需求，构想出"孩子的理想形象"。在这个过程中，行为支持计划需要反映出服务对象及其家人的价值观。我们应该更注重"孩子的生活质量"，而不能只考虑"周围人的方便"，并且需要从抽象层面到具体层面充分地交换意见。

（5）计划的执行与评估

确定了行为支持计划的整体框架之后，我们需要进一步商讨、制订更具体的干预计划，涉及"何时""由谁做""在哪里""做什么""如何做"等内容。我们还需要通过某种方式向日常与孩子接触的相关人员（第66页的①和②）传达整个计划制订的经过和具体内容。

然而，仅仅传达这些信息可能并不足以成功地执行计划。在这种情况下，我们可以通过示范，或者通过视频演示支持过程中与孩子的互动，并将其作为范本，还可以让与孩子接触的相关人员开展角色扮演类的实际演练，并在必要时进行引导。此外，如果能有第三方在现场观察，对支持者与孩子互动的实际场景给出反馈意见，那就更好了。

原来如此！ 小樱笔记 ⑤

◎ 泛化

泛化 = 已掌握的行为能够在其他情境（场所、人、教材等）中实施。

为了实现泛化，可以采取以下方法：

① 争取让教学指导情境与期望出现泛化的实际情境更接近。

② 在多种情境中进行练习。

③ 系统地"淡化"强化。

④ 教授孩子"自我管理"的方法。

维持 = 行为出现变化，并且这种变化可以长时间持续存在。

◎ 团队合作的要点

在团队合作时，我们需要明确支持步骤和建立协调机制。

实施步骤：掌握实际情况→设定目标→制订计划→执行计划→评估和修正计划

对支持者的"支持行为"进行 ABC 分析也很重要。

A：明确要做什么。

B：提供支持使计划得以执行。

C：积累"做得好"的经验。

要巩固并扩展成果，需要考虑并具体研究各方面的问题！

好像不太难。

专栏 3

对于解决问题来说，
ABA 提供的是"引向答案的方法"

ABA 的本质是理解行为的框架，是行为改变的原理和规律。ABA 本身并不是特定的教育计划或治疗方法。

如果我们将特定的教育计划比喻为"计算机"，那么 ABA 也许可以被视为"CPU 或内存"等组件，虽然我们没有意识到这些组件的存在，但它们作为计算机的一部分一直控制着计算机的性能和功能。

因此，即使你已经对孩子运用了某种教育方案，也请务必思考其中包含的 ABA 的行为理解的框架和行为改变的原理。当你需要改进这个已在运用中的支持和教育方案时，这些框架和原理将会为你指明具体的方向。

支持者学习更多支持孩子的方法（"对〇〇这样的孩子，□□是有效的"之类说法的方案），这当然没有错。但是，一些所谓的"通用设计"在宣称"这可能是目前最好的方式"之时，也许只是更接近于技巧性的"如何做"。ABA 并不是这样的"技巧手册"。ABA 强调的是思考"为什么"，而非单纯的"窍门"。并不存在适用于所有问题的"灵丹妙药"，因此，我们需要为每个人的特定情况制订应对方案，并开展针对性的工作。

在解决问题时，一开始并没有"答案"，但是我们有"引向答案的方法"。ABA 提供的正是这种"引向答案的方法"。

第 4 章

三步解决问题行为
（实例篇）

用 ABA 解决！流程示意图

引言　理解行为的"ABC"

ABC 分析 p.6
分别对 A、B、C 进行梳理

"不肯做"的情况

第 1 章　培养适当行为的 3 个步骤

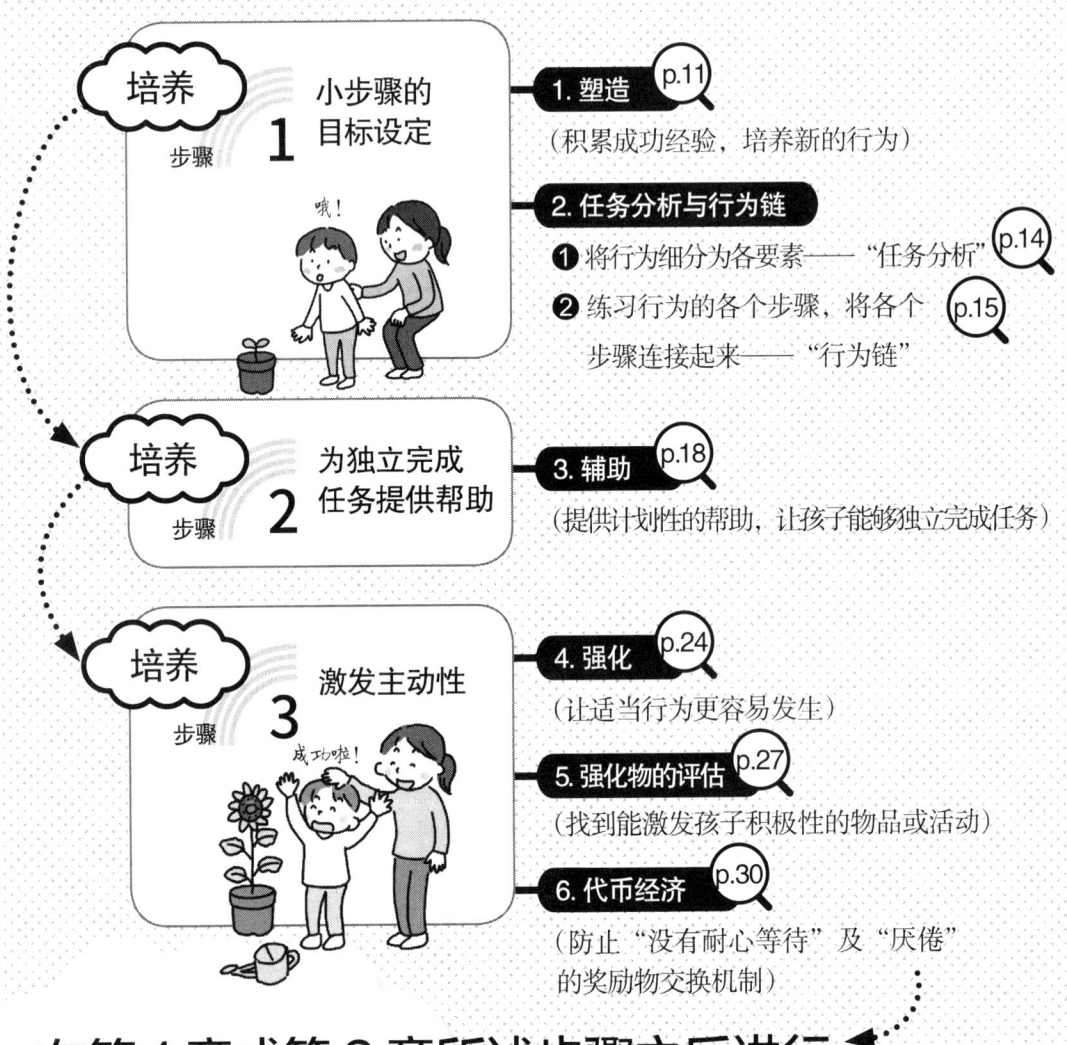

培养步骤 1　小步骤的目标设定

- **1. 塑造** p.11
  （积累成功经验，培养新的行为）
- **2. 任务分析与行为链**
  ❶ 将行为细分为各要素——"任务分析" p.14
  ❷ 练习行为的各个步骤，将各个步骤连接起来——"行为链" p.15

培养步骤 2　为独立完成任务提供帮助

- **3. 辅助** p.18
  （提供计划性的帮助，让孩子能够独立完成任务）

培养步骤 3　激发主动性

- **4. 强化** p.24
  （让适当行为更容易发生）
- **5. 强化物的评估** p.27
  （找到能激发孩子积极性的物品或活动）
- **6. 代币经济** p.30
  （防止"没有耐心等待"及"厌倦"的奖励物交换机制）

在第 1 章或第 2 章所述步骤之后进行

第 3 章　扩展并巩固行为支持的成果

扩展步骤 1　增加"在这里也能做到"的练习！

- **1. 泛化** p.61
  （扩展成果的范围）

第4章 三步解决问题行为（实例篇） | 073

"不停止"的情况

第2章 解决问题行为的3个步骤

解决步骤 1 探求问题的原因 — 1. 功能评估 p.35
（了解问题行为的功能）

解决步骤 2 设定目标 — 2. 替代行为 p.38
（以掌握适当行为为目标，替代问题行为）

解决步骤 3 制订并执行策略 — 3. 三种策略 p.41
（制订三种策略：
"预防""行为教导"和"行为后处理"）
❶ 预防［针对A（前提）的策略］p.42
❷ 行为教导［针对B（行为）的策略］p.43
❸ 行为后处理［针对C（后果）的策略］p.44

4. 行动支持计划 p.48
（将相关的信息与方法书面化，根据实际情况制订适当的计划）

5. 行为支持计划的评估与修正 p.55
（以数据记录为基础，重新评估行为支持计划）

扩展步骤 2 团队合作 — 2. 建立团队合作 p.66
（ABC分析对于支持者的支持行为同样有效）

> **实例 1**
>
> 英老师
> （小学一年级普通班的班主任）

不停说话的小宏

关键词 ABC 分析

英 老 师♥ 我现在对班上学生小宏的行为感到非常困扰。

贤一老师♣ 您感到困扰的具体行为是什么呢？

英 老 师♥ 小宏特别爱说话，甚至在课堂上也一直说。他说的话有一些与课堂学习有关，但也有很多与课堂学习无关。虽然班上有些学生觉得很烦，但是也有些学生觉得很有趣，因此小宏变得越来越得意忘形。

贤一老师♣ 也许小宏在各种场合都在试图通过说话吸引别人的注意力。希望获得周围人的关注是非常自然的，这本身并不是坏事，但我们当然希望他能够逐渐学会用适当的方式与周围人相处。

英 老 师♥ 原来如此。"获得关注"这个"行为目的"是需要重视的，对吗？

贤一老师♣ 是的。顺便问一下，小宏的学业成绩如何？在学校任务和活动中他的参与情况和完成情况如何？

英 老 师♥ 我觉得小宏可能并不讨厌学习，但由于他很多时候没有认真听讲，经常会错过一些内容，因此不知道下一步该做什么。他还会经常忘记在课堂上学过的内容。他也不擅长聆听和理解。

贤一老师♣ 学生要想不漏掉那些靠语音传递的学习信息，就需要持久地保持专注。这对于小宏来说，目前可能有点儿困难。

对问题的理解与解决问题的角度

贤一老师♣ 我先整理一下信息。英老师，您认为小宏当前的最大问题是与场景及内容不符的乱讲话，对吧？

英 老 师♥ 是的，没错。因为这对周围的其他学生也有影响，所以我想优先解决这个问题。

贤一老师♣ 好的。这个问题是"小宏在不适当的场合聊天"，为此，我们需要针对日常中具

> **参考引言和第 2 章讲解的步骤解决问题**
>
> 解决步骤 3　制订并执行策略 → 3. 三种策略 p.59
> （制订三种策略："预防""行为教导"和"行为后处理"）
>
> 贤一老师♣

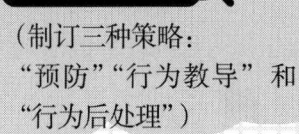

体的场合告诉小宏什么时候可以说话，什么时候不可以说话。

英　老　师♥　不是只告诉他"不要说话"，而是应该具体地告诉他什么时候可以说话，这才是重点，对吧？

贤一老师♣　是的，而且"小宏的说话内容经常是不适当的"。之后，他应该逐渐练习聊与年龄相符的话题，恰当地向对方提问或引导话题，以及提高自己的倾听技能。我希望小宏在与其他学生聊天时，双方都能享受交流的乐趣，并对这种交际关系感到满意。

英　老　师♥　我明白了！这样一看，说话不仅仅会成为"问题行为"，也可以被视为非常重要的沟通技能的基础。

贤一老师♣　英老师的观点很棒！另外，我觉得小宏的问题还涉及他对学校任务和活动的参与方式。正如您刚才描述的，由于他容易分心，因此可能经常"漏听"。他如果能够改善这方面的问题，也许就能形成"我知道应该做什么→我真的能做到→问题行为相对减少→我更容易获得赞扬、认可和成就感"的良性循环。

支持计划的制订

我们需要对"小宏不参与任务和活动""小宏不适当地说话"这两个问题进行 ABC 分析，详细讨论支持计划。

小宏目前已经掌握了参与任务活动并开展学校学习的技能。然而，由于他的注意力容易分散，因此，"漏听"的情况越来越多，形成了恶性循环。为此，我们制订了以下支持策略。

行为的前提	行为	行为的后果
A	B	C
注意力被与任务或活动无关的事物所吸引（导致经常"漏听"）。	做与任务或活动无关的事，如不适当地说话等（导致无法顺利完成任务或活动）。	・偏离任务或活动的行为得到关注而被强化。 ・常常不能获得因参与任务或活动而带来的称赞、认可和成就感，因而越来越不注意听指令。
预防	**教导行为**	**行为后处理**
・尽量通过视觉提示的手段，如文字或图片，呈现与任务或活动相关的信息。 ・在时间表上明确标明"可以说话的时间"和"不可以说话的时间"，以防止出现不适当的说话行为。	・练习在适当的情境中，以适当的方式谈论适当的内容。 ・练习在对任务或活动产生困惑时寻求帮助或提问。	・对参与任务或活动的行为提供强化。 ・对不适当的说话行为不做出过度反馈，而只是告知当下该做的事，并对成功完成这些事给予强化。

支持的成果

英老师在大黑板上写出班级全天的活动流程，并且将每天活动的详细流程写在一个小黑板上，放在学生们容易看到的地方。这不仅对小宏有效，对其他学生也很有帮助。此外，即使小宏出现了注意力分散的情况，只要英老师提醒他一下，他就能从小黑板上明确自己的活动内容，然后重新参与。

最近，英老师经常可以看到小宏自己查阅大黑板和小黑板上所示的活动流程。小宏对课堂和课下活动的参与情况得到了明显改善，英老师对他的表扬也明显增加了。

制订班级规定

为了制订班级规定，英老师具体设定了"可以自由发言的时间"和"不能擅自发言的时间"，并将这些规定与活动流程一起写在小黑板上。这对整个班级的学生都非常有效。

与家长面谈

英老师在与小宏的母亲进行面谈时，介绍了小宏在学校里的情况，说了自己对小宏的担忧，以及接下来的目标和支持计划等。小宏的母亲对小宏的情况也有所察觉，讲了许多小宏入学前的经历。

随后，英老师再一次安排了面谈，这次还包括小宏的父亲。英老师提出了通过"通级教育"[①]的形式帮助小宏增加沟通练习机会的建议。小宏的父母都接受了这个建议，现在小宏通过通级教育定期开展专门的沟通练习。目前，大家可以看到小宏在课堂上开始慢慢地发挥他在资源教室练习过的技能了。

讲解

小宏虽然已经掌握了参与任务和活动的相关技能（即在行为的 ABC 中的"B"方面没有问题），但经常会错过诱发参与任务活动的指令和教导，也就是说他在"A"方面存在问题。由于行为没有得到有效诱发，小宏本已掌握的技能无法有效发挥，因此也无法得到强化，这使他逐渐地更难以关注英老师的指令和教导，最终陷入无法学习新知识、新技能的恶性循环。

培养适当的交流方式

针对小宏乱说话的行为，我们采取的办法是让他与周围的其他学生开展友好的"适当沟通"。通过在资源教室里进行的个别指导，以及在普通班里进行的环境设置，"明确规定允许说话的时间和不准说话的时间"，这两者相互协调，为小宏的行为改善提供了关键支持。

班级整体调整

英老师的支持主要针对的是"整个班级的学生"，而不是"小宏一个人"。这个方法非常巧妙，它自然地将小宏纳入其中，既提升了整个班级的秩序水平，又满足了小宏的个别化需求，并且不会让其他学生对小宏产生歧视。

---

① 译注：通级教育是日本的一种特殊教育形式，相当于我国的融合教育中在普通学校设置资源教室的做法。在中小学，一些特殊学生在一般情况下能够参与普通班级的学习和生活，但仍然需要在一部分时段开展特殊教育指导。各学科的授课学习通常可以融合在普通班级里进行，同时，学校还会根据学生各自的障碍设置专门的地方，比如"资源教室"，在那里为学生提供相应的特殊指导。

> 参考"用 ABA 解决！流程示意图"，练习思考解决方案！

尽管这个案例最初是针对学生"不停说话"的干预咨询，但该行为背后存在着该学生"无法有效参与学校任务和活动"的问题。在面对可能有类似问题的孩子时，我们首先可以参考引言中的内容，思考那里给出的指导方法。

⇒ **要点1** 我们不仅要关注孩子的能力和障碍特性，还要关注影响其行为的周围人的互动方式，也就是关注环境设置。

⇒ **要点2** 我们要考虑孩子有可能存在"不知道应该怎么做"的情况。

⇒ **要点3** 我们要考虑孩子有可能存在"本来就不具备执行某个行为的能力"的问题。

⇒ **要点4** 我们要考虑孩子"没有积极性"的可能性。

在小宏的案例中，我们还对"说话"的行为开展了直接的正向支持，可以参考第 75 ～ 77 页的内容。

解决步骤 3 制订并执行策略 —— **3. 三种策略** p.41

（制订三种策略：
"预防""行为教导"和"行为后处理"）

总体上，我们将针对3个方向提供支持："明确告知小宏什么是适当行为"（A），"让小宏多练习还做不好的行为"（B），"强化小宏出现的适当行为"（C）。

这里，我们把重点放在了"小宏不能有效地参与学校任务和活动"的问题上。

英老师

· 在思考小宏关于"参与学校任务和活动"的行为ABC时，我们发现"经常漏听"是"A"当中的一个大问题，由此衍生出"B"和"C"的问题。

· 我们采取的中心策略是"以视觉提示的方式呈现任务活动的相关信息"，并且进一步强化"B"和"C"上的相关支持。

> **实例 2**
>
> 南老师
> （小学五年级普通班的班主任）

不愿意上学的小秋

关键词 塑造

南 老 师♥ 我班上的小秋同学，从四年级开始就经常不来学校了，进入五年级后，一天都没有来过。我是从五年级开始担任她的班主任的，只有在家访时我才能见到她。

贤一老师♣ 也就是说，她处于一种"不愿意上学"的状态中。您了解到的小秋同学不愿来学校的原因或诱发事件是什么呢？

南 老 师♥ 关于这一点，我并没有明确的信息。在家访时，小秋本人告诉我，她感觉自己与班上的同学不合，渐渐地就不想去学校了。不过我认为，应该没有霸凌之类的情况发生。

贤一老师♣ 现在，小秋在家里是怎么过的呢？

南 老 师♥ 她好像也很在意自己学业上的落后，正在制订计划，制作学习清单。然而，在家里自由度太高，她很难做出适当的自我管理，计划执行的进展不如预期。除了学习，她在家里基本上就是玩游戏或上网，做些自己喜欢的事，几乎没有外出的迹象。

贤一老师♣ 对于小秋不愿上学的现状，她的父母是如何看待的呢？

南 老 师♥ 虽然小秋的父母都对她不愿上学的状况感到担忧，但他们"不应勉强她去"的观念更加强烈。

贤一老师♣ 那么小秋本人是如何看待自己的状况的呢？

南 老 师♥ 她认为自己不去上学是不好的。其实之前她也一直想要去上学，但又很担心突然去上学，周围同学对自己的看法。她也没有信心能够与同学好好相处。总之，她很害怕失败。

对问题的理解与解决问题的角度

贤一老师♣ 目前来看，小秋不愿上学并没有其他明确的原因，比如霸凌之类的？

参考第 1 章讲解的步骤解决问题

培养步骤 1 —— 小步骤的目标设定 —— 1. 塑造 p.11（积累成功经验，培养新的行为）

贤一老师♣

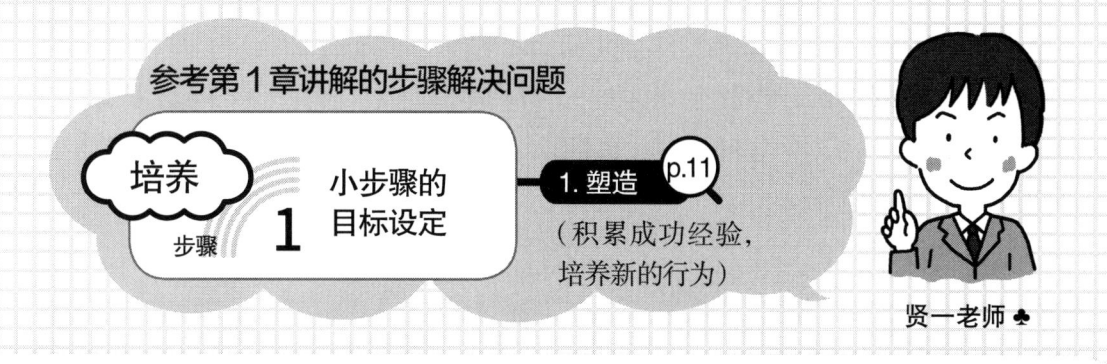

南 老 师♥ 是的，我认为没有霸凌这类人际交往上的明确原因。通过家访，我和她之间的信任关系似乎也建立起来了。

贤一老师♣ 也许小秋自己也不太清楚不愿上学的原因，有可能她自己也很难向别人解释清楚。然而，我们从与小秋的谈话中可以确定的是，她对去学校感到茫然与不安。

南 老 师♥ 是的，我也是这么认为的。

贤一老师♣ 而且现在她基本上可以在家里自由自在地度过一天的时间，而学校会有各种不安和限制因素，相比之下，家里的环境可能更令她感到舒适。

南 老 师♥ 大家都以为孩子不愿上学是因为学校有令人难以忍受的地方。

贤一老师♣ 在这种情况下，我们如果把问题看作帮助小秋做出选择——是做"在学校度过时间的行为"还是做"在家度过时间的行为"，从这个角度思考并制订她的行为支持计划，也许会更明确。

南 老 师♥ 也就是说，既然我们考虑让小秋在这两个行为中做出选择，那么为了让小秋更容易选择做"在学校度过时间的行为"，我们就应该通过调整"行为 ABC"制订支持策略，对吧？

贤一老师♣ 确实如此！另外，由于小秋对学校这个地方和自己与班上同学的关系感到不安，还有对失败的担忧，我们需要逐渐消除她的不安感，因此，制订"小步骤推进，逐步设定目标"这样的计划可能更合适。

支持计划的制订

由于小秋几乎整天都在家里度过，因此，与家长开展协作是干预中必不可少的部分。于是，贤一老师、南老师与小秋的父母进行了四人会谈，交换了信息和意见，并共享了支持方案。

接下来，南老师做了家访，向小秋传达了四人会谈的内容，详细了解并充分考虑了小秋自己的想法。例如，南老师与小秋一边商量，一边制订了下面的步骤表，小秋将从第 1 步开始尝试，当不再感到不安的时候，再一步一步地逐渐完成接下来的每个项目。

步骤	挑战项目
1	出门去便利店或超市
2	与陪南老师一起来家访的同学交谈
3	放学之后去学校与南老师进行面谈
4	早上去学校，在保健室度过学校时间
5	在班级里度过自己可以参与的活动时间
6	在班级里度过全部时间

与小秋商定承诺事项

南老师根据家长的意愿，与小秋一起制订了以下目标：① 如果要请假，早上自己给学校打电话；② 如果请假不去学校，就把自己上网和玩游戏的时间限定在 16:00—19:00；③ 自己制订请假在家时的自学计划，并请南老师检查；④ 开展增强体质的锻炼，与母亲一起慢跑和做肌肉锻炼；⑤ 调整自己日夜颠倒的生物钟，每天 22:00 前就寝。

南老师一开始有些担心这些目标的设置对小秋来说负担太重，但小秋在与南老师的交流中明确自己理解了每个目标的必要性，后来也积极地尝试去实现这些目标。

支持的成果

第一次打电话请假时，小秋非常紧张，但通过每天这样的重复，她逐渐适应了这个过程，并开始笑着说："打电话请假我已经没问题了，但每天都要打还是有点儿麻烦。"对于限制玩游戏和上网的时间，小秋一开始的确感到相当痛苦，但后来也逐渐适应了，而且随之意识到自己有多余的时间了，因此，她就按照计划，增加了自习的时间，还开始利用空余时间阅读从图书馆借来的书。

此外，她还与母亲一起进行慢跑和肌肉锻炼，她的体力逐渐增加，运动量也上去了。最近她还尝试挑战突破自己的慢跑时间记录。由于运动后的疲劳和困倦，她现在的就寝时间也逐渐提前了。

等待本人的不安情绪减轻

小秋迅速实现了步骤表中第 1 步的目标。然后，南老师让小秋自己决定是否进入下一个步骤。可是，小秋一直不愿意尝试下一个步骤。南老师和小秋的父母都对小秋已经完成的步骤进行了表扬和肯定，并且保持着耐心，等待小秋的不安得到充分缓解。随着时间的推移，小秋最终逐渐完成了全部的步骤。

这个计划从第一学期末到暑假一直处于准备阶段，第二学期[①]开始正式执行。小秋于 12 月底完成了第 6 步，现在几乎能够在班级里度过大部分时间了。

讲解

学生不愿上学有各种原因。例如，与同学的负面关系（如霸凌），与老师的负面关系，学业上的落后，等等，都可能让厌学的学生感到痛苦。我们如果已经确认了学生不愿上学的原因，就可以考虑处理或有效避免出现这些问题，以此作为开始（在某些情况下，我们可能还需要寻找"来自学校或班级"之外的其他因素）。

针对小秋不愿上学的情况，我们并没有切实发现上面这些因素，而且小秋自己也明确表示有意愿重返学校，因此，我们决定把重点放在帮助她再次走入学校，并思考如何为她提供支持。

小步骤的目标设定

由于小秋对重返学校感到茫然和不安，因此，我们制订了小步骤的渐进目标，采用逐步推进的方式，这类似于"塑造"（参考第 11 页）的思路和方法。尽管严格来说，"塑造"是一种"为了掌握一项尚未习得的新技能而使用的方法"，但类似的小步骤方法对减轻小秋的不安同样非常有效。

此外，对于小秋选择"不上学，在家里度过一天"的情况，我们增加了"适度的负担"（要向学校打电话请假，要在家中自习，要做体育锻炼，要限制上网和玩游戏的时间），同时，我们更频繁、更有力地对她选择做"在学校度过时间的行为"进行社会性强化，这让小秋更容易选择去学校了。

---

① 译注：日本学校的第一学期为 4—7 月，第二学期从 8 月底开始。

参考"用 ABA 解决！流程示意图"，练习思考解决方案！

在这个实例中，我们将"不愿上学"作为问题来处理，这与流程示意图中"不肯做"的情况一致。接下来，我们就可以运用第 1 章讲到的内容来思考解决方案了。

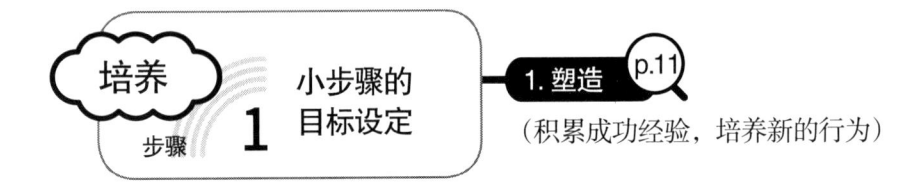

培养 步骤 1 小步骤的目标设定 —— 1. 塑造 p.11
（积累成功经验，培养新的行为）

就像小秋不愿上学的情况一样，对于那些"希望强化目标行为，但目前该行为在实际中尚未出现"的情况，我们可以参考第 11～12 页的内容思考解决方案。

⇒ **要点 1** 设定最终目标。

⇒ **要点 2** 了解当前孩子能够完成的行为。

⇒ **要点 3** 制订初始阶段的强化标准。

⇒ **要点 4** 规划并设定逐步接近最终目标的各个步骤。

- 您希望接受您支持的孩子有什么样的变化？最终目标是什么？
- 这个孩子目前的状况如何？他已经能够做到的行为是什么？已经出现的"相对接近最终目标的行为"是什么？
- 如果接下来稍微提高一点儿难度，您会设定什么样的目标？达到最终目标需要有哪些具体步骤？

南先生

- 对于小秋的情况，我们最终的期望行为是她能"在班级里度过全部时间"，为此，我们制订了相应的阶梯目标。
- 我们先从她能够相对容易做到的"外出"开始练习，如去便利店或超市，逐渐引入"有人互动"和"在与学校场景接近的场所"的情境。
- 在支持计划的后半部分，我们设置了让她逐渐延长参与时间的小步骤目标并开展了练习。

- 在这个实例中，除了"塑造"技术，其他一些关键做法也发挥了重要作用。尤其重要的一点是，南老师与小秋及其父母进行了多次面谈，在尊重小秋本人意见的同时逐步推进支持计划。
- 争取让学生本人能够理解支持目标和支持方案，了解自己的未来方向，这非常重要。
- 为了清楚地传达相关信息并确保学生能够正确理解，在制订支持计划时，我们应该将这方面的实施策略纳入进来。

实例 3

绫老师
（小学三年级资源教室的班主任）

不愿意参与普通班活动的小卓

关键词 任务分析与行为链、代币经济

绫 老 师♥ 资源教室的学生去普通班进行融合学习时，我们班的学生小卓按要求也应该与大家一起参与"担任午餐值日生和清扫"等活动，但他一点儿也不参与这些活动。

贤一老师♣ 哦，一点儿也不参与啊。绫老师，您以前看到过小卓同学参与这些活动吗？哪怕参与一点点。

绫 老 师♥ 一次都没有。我觉得他根本就不想参与。不仅如此，在普通班时他会比较兴奋，总是干扰其他孩子……我正在考虑今后减少与普通班的融合活动。

贤一老师♣ 看来情况非常棘手。小卓实际的沟通情况如何？与其他同龄孩子相比，他的语言理解能力和表达能力如何？

绫 老 师♥ 他在语言理解和表达方面都相当困难。平时，我在试图向他传达一些信息时，会尽量使用简单的词汇，而且会把这些信息划分为多个简短的部分，这样他似乎大部分都能够理解。

贤一老师♣ 他在读写方面的情况如何？

绫 老 师♥ 目前在资源教室里，我们正在进行字词方面的练习，小卓逐渐会读字了，但是流利地读出多音节词仍然很困难。阅读文章和写作还不是目前的学业内容。

贤一老师♣ 在普通班融合学习的过程中，当小卓无法有效参与活动的时候，您和普通班的其他老师是如何应对的呢？

绫 老 师♥ 首先，我会阻止他的捣乱行为，然后，给他做出活动示范，鼓励他参与活动，但往往到最后他又会开始捣乱。因此，我经常会在这个时候提醒他，并把他送回资源教室。

参考第1章讲解的步骤解决问题

培养 步骤 **1** 小步骤的目标设定

2. 任务分析与行为链
❶ 将行为细分为各要素——"任务分析" (p.14)
❷ 练习行为的各个步骤，将各个步骤连接起来——"行为链" (p.15)

培养 步骤 **3** 激发主动性

6. 代币经济 (p.30)
（防止"没有耐心等待"及"厌倦"的奖励物交换机制）

贤一老师♣

对问题的理解与解决问题的角度

贤一老师♣ 老师们从来没有见到过小卓参与班级活动，也许是因为"那些活动他本来就不会"。

绫 老 师♥ 也就是说，小卓不是"不想做"，而是"不知道该怎么做"。

贤一老师♣ 用"阻止捣乱行为"和"做示范"的方式应对，确实是对的。不过，可惜的是，小卓很可能没有看你的示范。也许是示范的时间太长，小卓的注意力还无法持续那么久。

绫 老 师♥ 是的。在我的印象中，小卓就从来没有专心地看过我示范。

贤一老师♣ 这种"做示范"的方法本身，对于不擅长理解语言指令的小卓来说很合适，因此，我认为这个做法不需要改变。需要改变的是"一口气教所有参与行为"的支持方式。为了让小卓最终能够参与所有活动，我们应该尝试这样教学：将那些需要教的行为细分为多个步骤，然后逐渐将这些步骤连接起来。

绫 老 师♥ 细分并连起来？

贤一老师♣ 是的，细分并连接。将由多个要素组成的一系列行为分解为具体的教学步骤，这叫作"任务分析"。就像小卓这样的情况，我们在教授新行为时，特别是在教步骤较多或较为复杂的行为任务时，做这种任务分析会非常有效。那我们应该从哪个方面入手呢，是让他担任午餐值日生还是让他做清扫活动？

绫 老 师♥ 我觉得小卓也许更愿意担任午餐值日生。

支持计划的制订

贤一老师和绫老师邀请到普通班的班主任丽莎老师，共同对小卓担任午餐值日生进行任务分析。以下是分析结果。

步骤	小卓承担的工作
1	擦拭餐台
2	与其他同学一起推餐车
3	将盛好食物的餐盘分发给排队的同学
4	站在讲台前说"我们开始吃饭吧"

根据这个任务分析表，绫老师和丽莎老师打算先制订计划教小卓第 1 步的行为，即"擦拭餐台"，但是贤一老师提出，应该先教最后一步，即第 4 步"站在讲台前说'我们开始吃饭吧'"。这实际上应用的是逆向串链（参考第 15 页）的支持技术。

于是，丽莎老师改变了以前一开始就要求小卓上前去参与午餐值日生工作的引导方式，就算已经到了准备午餐的时间，也会让小卓暂时先与绫老师一起在资源教室待着。

逐步增加行为项目

等到了即将"站在讲台前说'我们开始吃饭吧'"的时候，丽莎老师会叫小卓去普通班。这样不会有问题行为发生的"间隙"，小卓一走进普通班就立即站在讲台前说"我们开始吃饭吧"，随后直接过渡到用餐时间。如果小卓无法正确地说出这句话，按照准备的方案，我们会向他做出示范，并且鼓励他尝试模仿。在小卓能够顺利完成这一步骤之后，我们再逐步添加前面的行为项目开展练习，如"3→4""2→3→4""1→2→3→4"，一步步按计划推进。

为了能够更清楚地向小卓传达期望达到的目标，老师们使用了有图片提示的任务清单。此外，针对小卓参与的午餐值日活动，老师们还计划使用"代币经济"（参考第 30 页），绫老师会与小卓一起在资源教室回顾当天在普通班的行为，系统性地进行强化。

支持的成果

首先,绫老师准备了第 4 步"站在讲台前说'我们开始吃饭吧'"这个场景的照片,并制作了注释照片内容的任务清单。然后,绫老师向小卓展示了这个任务清单,让小卓做出与照片上的孩子相同的动作,并说出"我们开始吃饭吧"。

在当天的用餐时间,老师们进行了第一次尝试,按计划推迟了小卓进普通班参与活动的时间,让他先待在资源教室。结果,这个方法非常成功,第一次尝试,小卓一点儿问题行为都没有出现,成功完成了第 4 步。

使用代币让任务变得有趣

绫老师在任务清单的每个行为项目旁边都预留了贴贴纸的空间。如果小卓完成了某个行为,她会具体称赞他做得好的地方,并贴上贴纸。此外,绫老师还创建了"挑战笔记",上面详细记录了目标行为和已经取得的成就,并将作为代币的贴纸的累积数量制作成可视化图表。为了增加趣味,绫老师还设定了贴纸数量的里程碑(如 10、30、50、100)和对应的奖品。小卓很快就理解了这个奖励机制,并在一种玩游戏般的享受中参与了这项班级活动。

两个月后,小卓成功地完成了担任午餐值日生的任务,而且无须任何帮助。

讲解

在这个实例中,我们需要思考所有"参与活动"行为的 ABC,尤其是针对"B",也就是针对技能尚未掌握的情况做非常细致的处理。在这种案例中,逆向串链的支持方法似乎更有效,从"稍微参与活动就可以迎来令人期待的午餐时间"这个步骤开始,等孩子积累了成功经验之后,就以此为基础,逐步添加其他行为项目,可以说这是这个方法成功的关键。

此外,绫老师还使用了"代币经济",通过视觉提示向小卓说明参与活动的"成功"表现,并且提供后备强化物。这使得小卓体验了"明确知道应该做什么→实际能够做到→得到强化"的全部流程。等小卓充分理解了"代币经济"的规则和机制,老师们再逐步增加担任午餐值日生的任务项目,这样的渐进步骤同样非常重要。

☞ 参考"用ABA解决！流程示意图"
练习思考解决方案！

这个案例涉及"不参与班级活动"的问题。我们可以将其视为流程示意图中的"不肯做"，并结合第1章讲到的知识思考解决方案。

培养步骤 1　小步骤的目标设定

2. 任务分析与行为链
❶ 将行为细分为各要素——"任务分析" p.14
❷ 练习行为的各个步骤，将各个步骤连起来——"行为链" p.15

像小卓不参与班级活动的情况一样，对于"完全不愿意参加（或无法参加活动）"的情况，我们可以参考第14～16页的内容思考解决方案。

⇒ **要点1**　设定最终目标。

⇒ **要点2**　进行任务分析。

⇒ **要点3**　从正向串链、逆向串链、全任务呈现法中选择一种方法。

⇒ **要点4**　使用适当的辅助，记录数据，并进行多次练习。

- 您想教给孩子的技能是什么？
- 在进行任务分析时，您是否将每个步骤都设定为具体的"行为"形式？步骤的细分程度是否符合孩子的实际情况？
- 您怎样选择将各个行为元素连接起来的教学方式？一般来说，"逆向串链"比较有效，可以作为首选。如果孩子大致能够完成整个流程，那么您可以考虑使用全任务呈现法。如果孩子在后面的步骤中有感到不安或不擅长的地方，您也可以考虑使用"顺向串链"。
- 您可以参考第 21 页表 1-2 制作记录表，不仅要记录"是否完成"，还要记录"需要什么辅助"。

绫老师

- 根据小卓的情况，我首先将"参与班级活动"设定为目标行为。
- 我们对担任午餐值日生的活动进行了任务分析，将这个任务分解为四个步骤。每个步骤都是"具体的行为"，都可以客观地记录小卓的完成情况。
- 我们选择了逆向串链作为行为教学的串链方式，结果表明这是成功的关键因素。
- 我们对每个进行了任务分析的行为项目都进行了数据记录。我们采用了示范作为辅助方式，但后来发现仅仅使用示范存在问题……

> 参考"用 ABA 解决！流程示意图"，练习思考解决方案！

培养 步骤 3 激发主动性 → **6. 代币经济** p.30
（防止"没有耐心等待"及"厌倦"的奖励物交换机制）

绫老师在进行任务分析和逆向串链的基础上，还对小卓使用了"代币经济"。我们可以参考第 30 ～ 31 页的内容，回顾使用"代币经济"的要点。

⇒ **要点1** 明确"代币经济"针对的目标行为（明确说明需要做什么以及需要做到什么程度）。

⇒ **要点2** 确定代币的形式（贴纸、卡片、积分等）。

⇒ **要点3** 确定可用于交换代币的强化物（后备强化物）。

⇒ **要点4** 确定代币和后备强化物的兑换时机。

⇒ **要点5** 向孩子解释并确保他们理解以上四点。

- 您要用代币奖励的行为是什么？
- 您要用什么作为代币？建议选择对孩子来说易于理解、安全且成年人易于管理的物品。
- 您要将后备强化物设置成什么？重要的是它要能反映孩子的喜好。此外，为了防止孩子厌倦，每次你可以让孩子从几个选项中自己选择后备强化物。
- 您希望孩子在什么时候用代币兑换后备强化物，或者，以何种频率进行兑换？对于那些没有耐心等待的孩子，建议在最初阶段尽量频繁地让他们进行代币和后备强化物的兑换。将间隔设置得更短可能会更有效，以后再逐渐延长间隔时间。
- 以上事项由谁、在何时、以什么方式向孩子解释？确保孩子理解并同意参与活动是非常重要的。您要让孩子愉快地参与其中。

丽莎老师

- 我们决定，小卓如果可以在没有辅助的情况下完成"任务清单"中指定的行为，就可以获得代币。
- 代币是绫老师准备贴在"任务清单"上的贴纸。同时我还将代币的累积数量制成了图表，画在"挑战笔记"上。
- 对于后备强化物，我们决定每累积 10、30、50、100 个代币就进行兑换。
- 绫老师在资源教室一对一地向小卓进行了说明，同时展示了"任务清单"和"挑战笔记"。小卓看起来非常享受这种像做游戏一样的学习方式。

实例 4

绫老师
（小学三年级资源教室的班主任）

能够跟着示范做，但没示范就不行的小卓

关键词 辅助

贤一老师♣ 绫老师，您好！好久不见了。小卓后来的情况怎样了？

绫 老 师♥ 我后来又尝试使用同样的方法支持他参与清扫活动。我们对清扫活动进行了任务分析，并尝试使用逆向串链，当小卓做不好的时候，我们还进行了示范和练习，但这一次却行不通了。

贤一老师♣ 清扫活动出了什么问题呢？

绫 老 师♥ 在最初的阶段就出问题了，所以我们根本无法进行到下一步。具体来说，当我示范时，小卓会模仿我的动作，但只要我没有示范，他就无法完成。由于一直是这种状态，整个教学停滞不前。

贤一老师♣ 我能看一下清扫活动的任务分析表吗？

绫 老 师♥ 这是任务分析表。哪里有问题吗？

贤一老师♣ 没有，我觉得您的任务分析做得很好，步骤的分解程度很符合小卓的实际技能水平。

对问题的理解与解决问题的角度

贤一老师♣ 问题可能不在于您使用示范这种方式不好，更有可能是您只使用了示范作为辅助方式。对于小卓来说，清扫任务恐怕比担任午餐值日生的任务更加困难，因此，我们需要考虑更细致的辅助方式。

绫 老 师♥ 您是说除了示范还有其他辅助方式吗？

贤一老师♣ 是的。辅助有多种类型，还包括不同的强度等级。顺便说一句，示范是一种相当"强"的辅助方式。

绫 老 师♥ 难道"强"的辅助方式不好吗？我原以为辅助就应该做到充分而有效。

> **参考第1章讲解的步骤解决问题**
>
> 培养 步骤 2 — 为独立完成任务提供帮助 — 3. 辅助 p.18
> （提供计划性的帮助，让孩子能够独立完成任务）

贤一老师♣

贤一老师♣ "强"的辅助在有些时候确实是必要且有效的，但什么时候采用何种强度的辅助方式更好，这需要根据孩子的状况而定。

绫 老 师♥ 我明白了，不能简单地认为只要尽力帮助就好。那么，我应该在什么情况下，使用怎样的辅助呢？

贤一老师♣ 当孩子练习新技能时，辅助原则是"尽可能弱"。我们可以认为，在使用较强的辅助时，孩子的自主行为部分会变少，相反，当使用较弱的辅助时，自主行为部分会增加。也就是说，为了增加孩子的自主行为部分，我们需要逐渐将辅助由强过渡到弱。

绫 老 师♥ 我明白了。那么在小卓的清扫活动练习中，我可以同时使用"弱"辅助和示范吗？

贤一老师♣ 可以的，我认为这样做很有可能会成功。除了辅助，我想确认一下，你们在教他参与午餐值日活动时使用的带有照片的"任务清单"和"代币经济"，在教清扫任务时也使用了吗？

绫 老 师♥ 没有使用，因为我们觉得他应该可以做到了，所以就没有再使用带照片的"任务清单"了。至于"代币经济"，我们也没有用于清扫活动。

贤一老师♣ 那么，将"任务清单"和"代币经济"这两项内容加进来，用与教午餐值日活动时一样的方案，看看效果如何吧。即使实际提供代币的机会很少，你们只要在安排日程时提醒他关于代币的约定，也能产生一定的效果。

支持计划的制订

绫老师再次与普通班的丽莎老师商讨，重新审视了关于清扫活动的任务分析，讨论了每个行为项目的内容，以及对应哪种图片画面更便于小卓理解，并重新用数码相机拍摄了照片。然后，老师们为清扫活动的"任务清单"中的每个行为项目都附上了对应的图片，这样小卓就更容易理解自己应该做什么，以及要做到什么程度。

关于辅助，老师们以前只提供示范，现在开始按照下图所示进行阶段性辅助。贤一老师向绫老师讲解过，除了辅助的类型和强度等级，"稍等片刻"也很重要，并建议现场支持的老师在为小卓第一次提供辅助和按阶段提供辅助之前，可以先等待大约三秒钟。此外，即便使用了辅助，只要小卓完成了任务，老师们就要给予充分的表扬（但是，代币应该只在没有辅助的情况下完成任务时提供）。

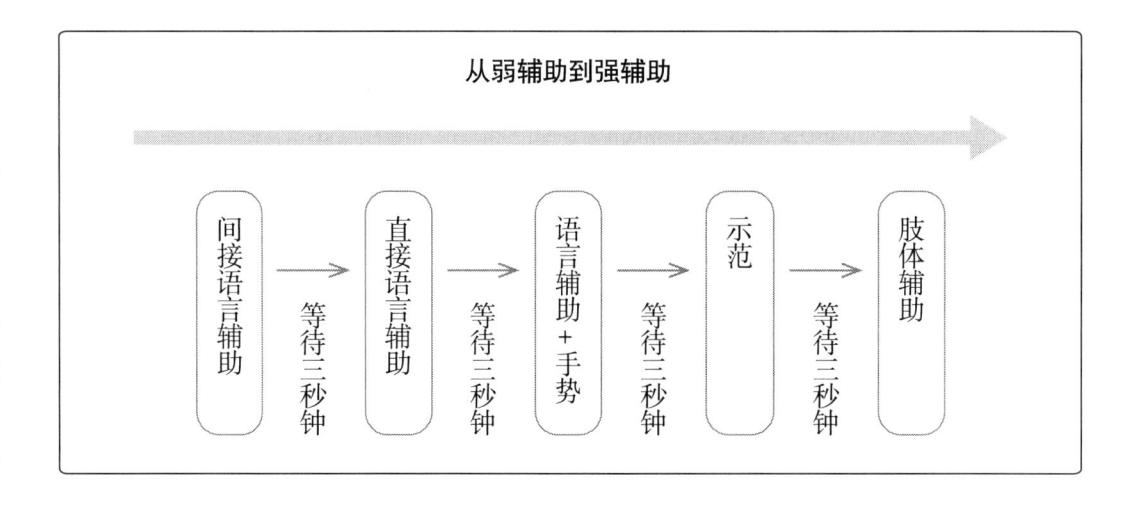

从弱辅助到强辅助

间接语言辅助 → 等待三秒钟 → 直接语言辅助 → 等待三秒钟 → 语言辅助+手势 → 等待三秒钟 → 示范 → 等待三秒钟 → 肢体辅助

支持的成果

重新开始支持计划的第一天，绫老师首先在资源教室中向小卓展示了清扫活动的"任务清单"（最开始时只展示了最后一步），并简要地说明了内容，进而讲解了从现在开始要实施的"代币经济"。此外，为了预防出现问题行为，老师推迟了让小卓去参与清扫活动的时间。然而，与往常一样，小卓仍然无法有效地参与这项活动，他不断地瞥向绫老师和丽莎老师。这时，绫老师按照计划为他提供了语言辅助，可是小卓仍然无法有效地做出行动，直到老师采取了"语言辅助+手势"级别的辅助方式，小卓才完成了任务。任务完成后，绫老师和丽莎老师都立刻称赞小卓说："对，就是这样，你做得很好！"

使用"间接语言辅助"也能够完成任务

第二天，老师们指导小卓在相同的情况下再次进行了练习，这一次小卓在"间接语言辅助"级别的辅助方式下就能够完成任务了。接下来的几天，老师们指导小卓继续在相同的情况下练习，三天后，小卓可以在没有辅助的情况下完成任务了。绫老师对此感到非常惊讶，她说："之前小卓一直需要示范才能完成，而现在短短三天就能够独立完成，真是令人惊讶。"

之后，按照逆向串链的程序，老师们逐步向前推进步骤。与教授"担任午餐值日生"任务时一样，这些支持步骤进行得很顺利。最终只花了大约两周的时间，小卓就可以从头到尾在没有辅助的情况下独立完成清扫任务了。

讲解

在这个实例中，虽然是上一个实例中的绫老师再次为小卓的问题做咨询，但这次她遇到的关键问题是辅助的系统性及渐褪。绫老师在教授小卓"担任午餐值日生"任务时，仅仅通过示范的辅助小卓就能够成功，但这次的清扫活动对于小卓来说更难，因此，只有更系统的辅助才能使他逐渐具备独立完成任务的能力。

在指导孩子练习某项技能时，辅助的原则是"尽可能弱"，要想遵循这一原则，辅助就需要有系统性。具体来说，我们需要准备几种强弱程度不同的辅助，并根据孩子的情况，有计划地从弱辅助过渡到强辅助，或者从强辅助过渡到弱辅助。通过这样的练习，孩子逐渐可以在较弱的辅助下完成任务，最终可以在没有辅助的情况下完成任务。

此外，这个实例也涉及了"评估和修订计划"的过程。虽然之前我们采取过同样的方法而且效果很好，但是如果出乎意料地遇到了不顺利的情况，那么我们就需要从A、B、C这三个方面思考行为的差异，尽量使现在的条件与之前成功的条件保持一致。在这个实例中，我们除了调整辅助方法，还将以前获得成功的"任务清单"和"代币经济"重新应用到新任务中，这样的计划修改也是成功的关键。

> 参考"用 ABA 解决！流程示意图"，练习思考解决方案！

本实例是"实例3"的延续，这次我们遇到了一个新问题——"如果没有得到帮助，孩子就无法做到"。我们可以将这种情况视为流程示意图中"不肯做"的情况，进而思考如何应用第 1 章的内容解决问题。

培养 步骤 2　为独立完成任务提供帮助　3. 辅助　p.18
（提供计划性的帮助，让孩子能够独立完成任务）

类似小卓这样因依赖辅助而无法成功应对新挑战——清扫活动的情况，我们可以参考第 18 ~ 22 页的内容思考解决方案。

⇒ **要点1**　准备适合孩子的多种辅助，并考虑各种辅助的强度等级。

⇒ **要点2**　确定辅助顺序是"从弱到强"还是"从强到弱"。

⇒ **要点3**　确定给出第一次辅助之前等待的时间。此外，如果孩子在第一次辅助下仍无法完成，还需要确定尝试下一次辅助之前等待的时间。

⇒ **要点4**　记录数据并进行多次练习。

- 针对这个孩子，您可以使用哪些类型的辅助呢？
- 您要考虑各种辅助的强度等级。虽然每个孩子的实际情况不同，但从弱到强的辅助通常是：间接语言辅助→直接语言辅助→手势或视觉提示→示范→肢体辅助。
- 您在提供辅助时是该选择"从弱到强"，还是该选择"从强到弱"的方式呢？通常来说，"从弱到强"的方式能够更快地取得进展。如果孩子对失败反应过度，那您可以尝试"从强到弱"的方式。
- 您在提供辅助之前会等待多久？如果辅助提供得太快，可能会导致孩子对辅助产生依赖，至少等待三秒钟。

绫老师

- 当我只提供示范辅助时小卓没有成功，但是，当我结合使用了语言辅助和视觉提示时，他就成功了！
- 我通过"从弱到强"的辅助方式让小卓取得了成功。
- 我总是很想立即就为他提供辅助，但还是决定等待三秒钟，也许再多等一会儿也行。

实例 5　和同学屡屡冲突的小真

佳老师（小学五年级普通班的班主任）

关键词　功能分析（提要求）

佳　老　师♥　我班上有一个叫小真的男孩，他很难融入集体，总是制造各种麻烦。他在各种场合都会不断地出现问题，其中最典型的就是在休息时间发生的抢球事件，班里有1个躲避球和1个足球，小真总想独占它们。

贤一老师♣　其他同学也都想玩，您当然不会坐视不管吧。

佳　老　师♥　就是这样的。其他同学为了不让球被抢走而做出抵抗，但这样一来，小真就会使用暴力，把球抢走。

贤一老师♣　那么，您在他们每次发生冲突时都是怎么应对的呢？

佳　老　师♥　我不仅仅是对小真，而是一直都对全班同学说，每个同学都要设身处地为对方着想，想象一下如果自己被别人这样对待会有多难受啊。

贤一老师♣　那么，您觉得小真理解您讲的意思了吗？

佳　老　师♥　他一点儿也不理解呢。小真的问题行为一直都没有改，而且，我觉得他最近越来越不听我的话了。

对问题的理解与解决问题的角度

贤一老师♣　除了抢球，小真还会因为什么事与同学发生冲突吗？

佳　老　师♥　在游戏中，每当自己快要处于不利处境时，小真就会擅自改变游戏规则。其他同学当然会抱怨，但一抱怨，小真就会使用暴力，其他同学也就不得不勉强地满足他的要求。

贤一老师♣　小真出现的问题行为的目的和功能很可能是为了得到他自己想要的东西，或者让对方按照自己的想法做事。

佳　老　师♥　我也是这么认为的。

> **参考第 2 章讲解的步骤解决问题**
>
> **解决步骤 1** 探求问题的原因 —— 1. 功能评估 p.35
> （了解问题行为的功能）
>
> **解决步骤 2** 设定目标 —— 2. 替代行为 p.38
> （以掌握适当行为为目标，替代问题行为）

贤一老师♣

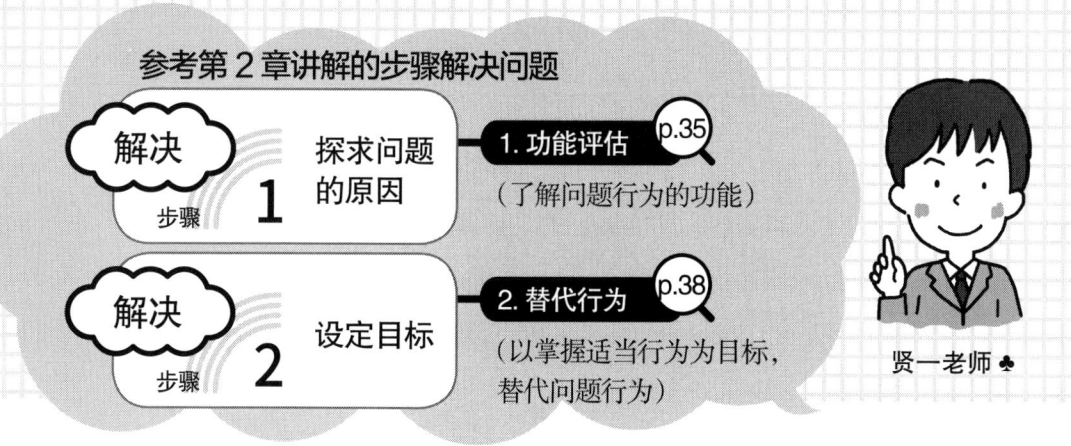

贤一老师♣ 学会"为他人考虑并忍耐"，这确实是小真的一个重要目标，但我认为这更是一个长期目标。目前来看，小真需要的是"用适当的沟通方式使自己的要求得到满足"，而并不是"忍耐"。

佳 老 师♥ 这么说来，小真确实不擅长口头表达，他在课堂上发言时，或者表达自己的意见时，都表现得非常困难。

贤一老师♣ 因此，我们很可能应该将他的最初目标设定为"学会适当的沟通技巧"。此外，即使小真能够与其他同学进行协商，他的要求也并不能被完全满足，所以，我们最好能够引导他坚持练习"等待自己的要求得到满足"，或者"根据对方的情况做出妥协"的技能。

佳 老 师♥ 我一直以来都认为"小真缺乏关心他人的品格"，从未想过"将沟通作为技能让他练习"。

贤一老师♣ 通常大家会以为"反省就能改变行为"，或者"不反省就不会改变行为"，因此，许多表现出问题行为的孩子都只是被要求自我反思。然而，这样做只会让他们的"反省"变得熟练，但很少能真正改变行为。要改变问题行为，我们还是应该对"行为 ABC"进行全面的分析和处理。事实上，更普遍的情况是"行为改变之后，思维或意识也会改变"。

支持计划的制订

贤一老师进一步从佳老师那里了解了小真更多的相关信息，并制作了下页的图加以总结。

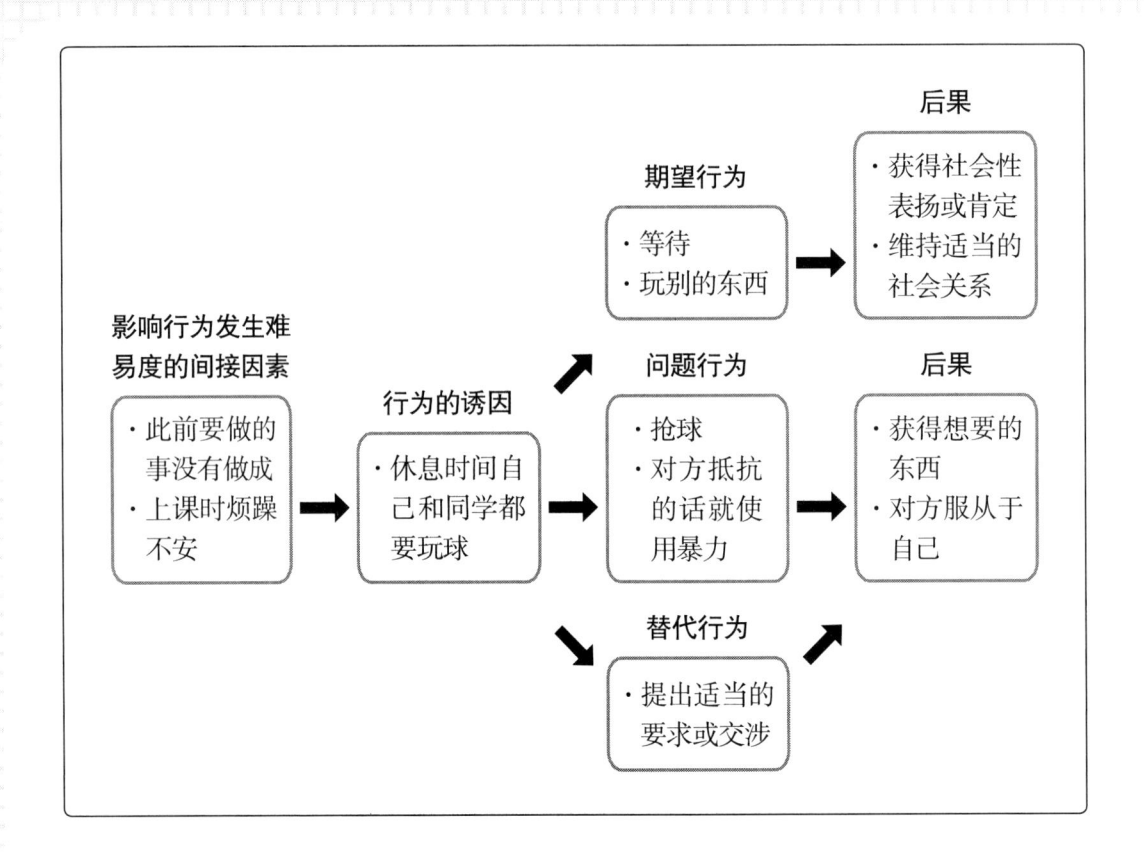

```
影响行为发生难         行为的诱因        问题行为         后果
易度的间接因素
                                      期望行为
                                     ·等待          ·获得社会性
                                     ·玩别的东西      表扬或肯定
                                                  ·维持适当的
                                                   社会关系

·此前要做的      ·休息时间自     ·抢球           ·获得想要的
 事没有做成      己和同学都    ·对方抵抗        东西
·上课时烦躁      要玩球        的话就使        ·对方服从于
 不安                        用暴力           自己

                                      替代行为
                                     ·提出适当的
                                      要求或交涉
```

佳老师首先设定的支持目标是小真能够适当地提出要求。考虑到对小真开展个别化的指导可能更有效，我们决定利用附近学校的融合教育资源。

贤一老师与佳老师联系了附近小学负责融合教育的小茜老师，一起对小真的支持目标和方法进行了讨论。小真每周去两次附近小学的融合教育班，在那里，他可以通过实际的练习用语言适当地要求得到"物品""游戏或活动的机会""帮助""休息"等。

接下来，作为长期目标，小真练习了"在自己提出要求后慢慢地等待强化物的到来"。此外，小真还进行了沟通练习，练习"如何寻求双方都能接受的冲突解决方案"，也就是当自己的要求无法获得满足的时候，小真需要学习与对方协商，找到其他解决方案，或者学习双方轮流等待的技能，等等。

支持的成果

起初，小真在与小茜老师的练习中很难用语言适当地提出要求，经常未经许可就随意拿起教室里的物品。小茜老师每次都会阻止这种行为，并让小真模仿适当地提要求，如果模仿成功，小茜老师就不再阻止他拿东西，如此反复练习。渐渐地，小真终于能够在没有小茜老师辅助的情况下，自己适当地提要求来进行沟通。尽管小真现在偶尔还会情不自禁地去拿物品，但一听到小茜老师提醒他"不能这样，你应该怎么说？"他就能够做出正确的回应了。

接下来，小茜老师安排小真与融合教育班的其他同学开展互动，进行类似的沟通练习。在这样的练习中，由于对方不愿意等待，或者不愿意把东西让给小真，双方还是会发生与以前一样的冲突。之后，小茜老师用同样的方法引导小真练习，小真逐渐学会用语言适当地提出要求了。

在提出要求后学会等待

接着，小茜老师让小真进行"在提出要求后等待自己的要求得到满足"的练习。刚开始时，当小真说"请给我○○""我想做○○"时，对方会立即满足他，但慢慢地，对方会让他等待一段时间，"现在不行，请等5分钟吧！""上午不行，下午再说吧！""今天不行，明天一定可以的！"一开始，小真表现得非常烦躁，甚至会说脏话，但是小茜老师会在小真能够耐心等待的时候给予充分的称赞，并且会严格履行推迟的约定，因而小真的抗拒情绪逐渐得到了缓解。

大约过了3个月，佳老师在普通班里也开始感觉到了小真的变化。佳老师为全班同学提供了"适当地用语言提出要求""在意见不合时进行协商，寻找彼此可以接受的妥协方案"等具体的指导，并定期开展练习，从那之后，班里的冲突大大减少了，现在几乎不再发生了。

讲解

小真的问题行为主要具有提要求的功能，佳老师和小茜老师首先设定了短期目标，即用语言适当地提出要求，并进行了指导。指导是分阶段进行的，一开始，小茜老师作为小真交流的对象，提供系统的辅助并开展练习，等到小真能够熟练地自发做出"适当地提要求"行为，再让他与融合教育班的其他同学进行练习。此外，为了培养小真对延迟强化的耐受能力，小茜老师采用了系统的小步骤练习，这也是一个关键措施。

在普通班里的沟通指导

佳老师向小茜老师详细了解了小真在融合教育班的学习内容，然后回到自己的普通班为全体同学提供了几乎同样内容的指导。对于沟通技能，小真除了需要接受个别化指导，还需要接受像佳老师这样，为全班同学提供的指导。这样的做法有助于小真接受的个别化指导的成果得到泛化，而且能促进整个班级的社交水平的提高。

> **实例 6**
> 爱美老师
> （小学六年级普通班的班主任）

遇到困难就会立即逃避的小光

关键词 功能分析（逃避）

爱美老师♥ 我们班的小光同学虽然并没有什么特别需要关注的问题行为，但在某些方面缺乏自信，或者说有点儿内向，一遇到困难就会立即逃避。我希望她能更勇敢地面对自己不擅长的事情和困难。

贤一老师♣ 这样啊。爱美老师是从小光的哪些表现中发现她"缺乏自信"或"内向"的呢？

爱美老师♥ 当我和小光交谈时，她经常会说出"我没有自信""我不愿意在人前失败，所以我不想做"之类的话。另外，小光经常在课堂上突然默默地跑到保健室，以自己身体不适为由请假。有时，她还会一早声称自己身体不适而不来上学，不过这种情况并不经常发生。

贤一老师♣ 爱美老师，您认为小光同学为什么会说出这样的话和做出这样的行为呢？

爱美老师♥ 我认为她对于新事物或自己可能会失败的事情感到极度不安和紧张。另外，我觉得她有"完美主义"的倾向。

贤一老师♣ "完美主义"和"对失败的不安和紧张"是同一个问题的正反两面。她会这样也许是因为其抱持"如果做不到完美，就不想留在那里"的想法。

爱美老师♥ 原来如此。因为她过分追求"完美"，所以感到很疲惫。

贤一老师♣ 有什么特定的科目或活动会导致她"擅自跑到保健室"的行为更容易发生吗？

爱美老师♥ 您这么一说，我觉得在数学和体育课上经常会出现"小光不知不觉地消失了"的情况。

贤一老师♣ 那么，为什么是这两门课呢？

爱美老师♥ 我觉得这两门课对小光来说，相比其他科目更有难度，而且在大家面前回答问题或进行实际操作的机会较多。

参考第 2 章讲解的步骤解决问题

解决 步骤 1　探求问题的原因　→　1. 功能评估　p.35
（了解问题行为的功能）

解决 步骤 2　设定目标　→　2. 替代行为　p.38
（以掌握适当行为为目标，替代问题行为）

贤一老师♣

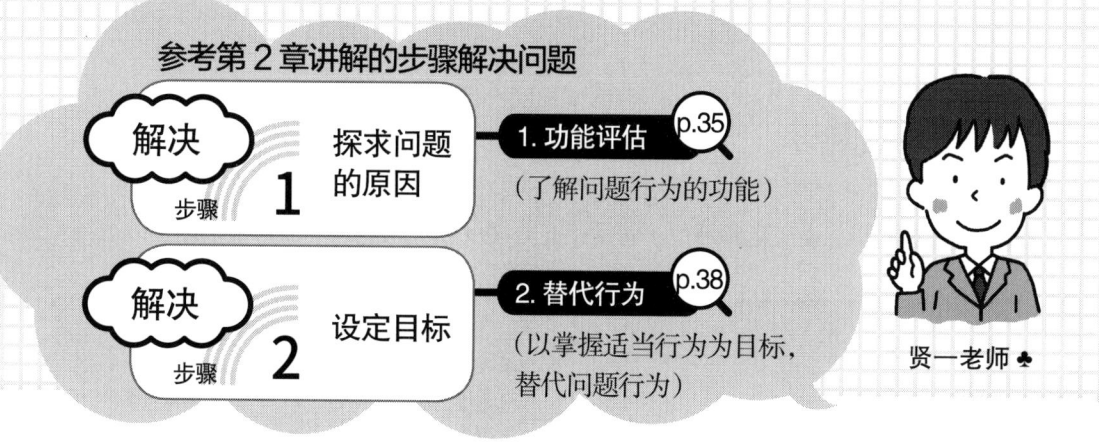

对问题的理解与解决问题的角度

贤一老师♣ 小光同学可能在遇到自己不擅长的科目或活动时，觉得自己会失败，又不想被其他同学看到，所以采取了离开的方式。

爱美老师♥ 如果是这样，我希望小光能改变自己的想法。她如果现在就开始逃避各种问题，那么将来可能会不得不逃避所有令她感到不安的事情。我希望小光能够培养良好的心理素质。

贤一老师♣ 我认为，我们最好分别设定"希望她以后如何"的长期目标和"希望她现在如何"的短期目标，然后同时朝着这两个目标努力。

爱美老师♥ 小光的长期目标是什么呢？

贤一老师♣ 小光的长期目标是"养成即使自己感到不安也要先试一试的习惯"吧。很多时候，一个人在尝试了之后，不安感就会减轻。

爱美老师♥ 那么短期目标是什么呢？

贤一老师♣ 我想可以是"学会更好地逃避的方法"。比如，不是擅自跑到保健室，而是在去保健室之前跟老师说明情况；事前主动与老师讨论令自己感到不安的事情，或者通过主动提问适当地避免"因自己不懂而感到不安"的情况发生。

爱美老师♥ 将"不逃避"设定为长期目标，而将"逃避"设定为短期目标，这似乎有些矛盾。

贤一老师♣ 感觉上确实是这样。其实我们在为小光提供支持时，真正的目标不是"不逃避"，而是"安心地在学校生活，在这个过程中逐渐培养必要的技能，逐渐面对自己的问题"。这样考虑的话，短期目标和长期目标不但并不矛盾，而且是系统的小步骤目标设定。

支持计划的制订

贤一老师进一步从爱美老师那里了解了小光更多的相关信息，并制作了下图加以总结。

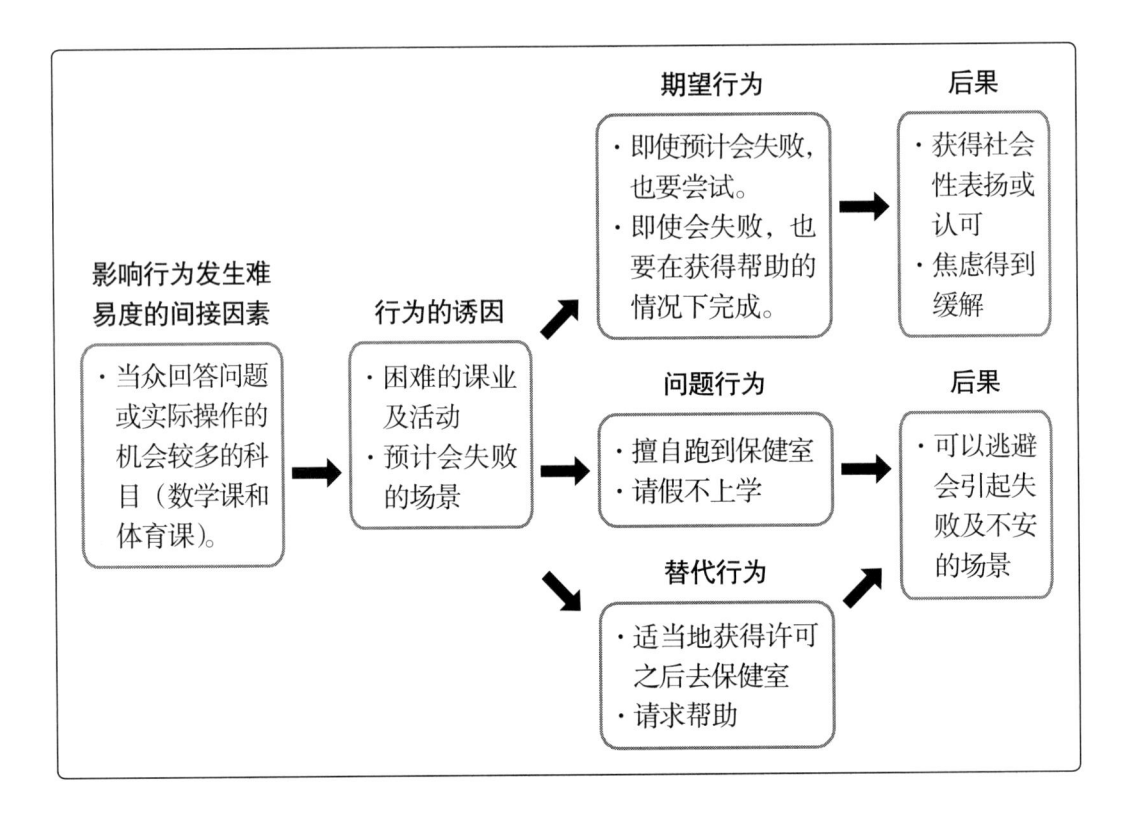

```
影响行为发生难       行为的诱因              期望行为                    后果
易度的间接因素
                                    ·即使预计会失败，        ·获得社会
·当众回答问题        ·困难的课业              也要尝试。          性表扬或
 或实际操作的         及活动              ·即使会失败，也          认可
 机会较多的科        ·预计会失败              要在获得帮助的      ·焦虑得到
 目（数学课和         的场景                情况下完成。          缓解
 体育课）。
                                         问题行为                    后果
                                    ·擅自跑到保健室        ·可以逃避
                                    ·请假不上学            会引起失
                                                          败及不安
                                         替代行为          的场景
                                    ·适当地获得许可
                                     之后去保健室
                                    ·请求帮助
```

在同时进行作为短期目标的"替代行为"和作为长期目标的"期望行为"时，爱美老师向小光讲解了以下五点：

① 即使面对自己感到困难的任务或活动，也要尝试挑战，这一点至关重要。
② 重要的不是"不失败"，而是"即使失败了也要在周围人的支持下完成任务"。
③ 反复练习之后，焦虑情绪会逐渐减轻。
④ 感到焦虑或困难是自然的，也是难以避免的。
⑤ 在初期，重要的不是"不感到焦虑"或"逃避一切"，而是"巧妙应对"。

在讨论了①~③设定的目标内容后，小光看起来充分理解了目标的重要性。
此外，他们两人还讨论了适当使用保健室的方法和寻求帮助的方式。

提前告知内容和计划

① 对于会让小光感到焦虑的科目或活动，爱美老师会提前告知小光具体的内容和计划，让她能够根据这些信息提前决定自己是否参与。

② 小光和爱美老师事先约定了适当使用保健室的方法，小光如果能按照约定去做，基本上都会得到允许，老师也会尽可能迅速地回应她的请求。

③ 爱美老师建立了与小光的"交流笔记"，用于了解小光感到焦虑或担忧的事。老师会在小光自己处理这些问题之后，在笔记中写下称赞的评语。如果小光在感到焦虑时，自己仍然能够处理好问题，老师就让她在笔记交流时用满分 10 分的评价系统对自己的"焦虑程度"打分。同时，小光还通过笔记与老师一起记录和确认自己经验的积累和焦虑逐渐减轻的过程。

支持的成果

自从使用"交流笔记"以来，小光详细记录了自己感到焦虑的事情，这对爱美老师了解情况非常有帮助。此外，通过"交流笔记"，爱美老师向小光提供了有关活动计划的详细信息，使小光可以提前决定自己是否参加活动，因此，小光几乎不再缺席了。

对于感到困难的任务也能够着手处理

小光从干预一开始就能够遵守有关使用保健室的规定，对于她认为困难的任务或活动，如数学课和体育课的内容，她也逐渐能够花更多时间处理了，因此，她去保健室的频率逐渐减少了。

此外，通过与爱美老师一起进行"焦虑程度"的自我回顾，小光认识到，在开始实际行动之前虽然自己会感到焦虑或害怕，但反复体验之后，焦虑就会逐渐得到缓解，因此，她有几次在评论中写道"实际上没有什么大不了"。

讲解

本实例中，小光的问题行为可以被认为具有逃避功能，其背后是她对预期失败的焦虑。我们运用功能评估的框架整理了信息，并设定了短期目标和长期目标，再经过对行为支持计划的全面讨论及实施，使问题最终得以解决。

爱美老师设计的"交流笔记"非常适合小光这个年龄的孩子。这个年龄的孩子很在意周围人的目光，不愿意以引人注目的方式寻求帮助或咨询。通过这样的交流，小光知道爱美老师能够理解自己的不安和担心，从而获得了安心感。此外，小光体会到"在安全的环境下以自己的节奏应对焦虑，焦虑就会逐渐消失"，这提高了她未来有效应对新产生的焦虑的可能性。

> 参考"用 ABA 解决！流程示意图"，练习思考解决方案！

实例 5 和实例 6 被视为"不停止"的情况，我们可以参考第 2 章"解决问题行为的 3 个步骤"的流程开展练习，并思考应对策略。

针对这两个案例中两种不同类型的问题行为的功能，我们尝试着分别制订行为支持计划。

实例 5 中的佳老师咨询关于小真的问题行为反复发生的情况。小真的问题行为的目的是获取自己想要的东西，或者成功控制对方以按照自己的意愿行事。

解决 步骤 1 探求问题的原因 — **1. 功能评估** p.35
（了解问题行为的功能）

⇒ **要点 1** 具体描述问题行为（有问题的"B"）。

⇒ **要点 2** 问题行为的前提和后果（明确问题行为的"A"和"C"）。

- 您想减少的问题行为是什么？在探求问题行为的原因之前，您首先需要客观地描述该行为。您对目标行为的描述能让其他人对这个行为问题是否确实存在做出判断吗？
- 您如何收集信息？信息收集的方法主要有访谈和观察这两种。
- 根据收集到的信息，您可以整理出容易出现问题行为的情境。问题行为发生时典型的前提是什么？您可以参考第 36 页表 2-1 做出总结。
- 问题行为是被什么强化的？您可以根据第 39 页图 2-1 提出假设。

佳老师

- 通过观察小真平时的情况，我们推测，他出现的问题行为是为了获得想要的东西或者控制他人。针对小真的问题行为的功能评估的详细内容，我整理在第 102 页的图中了。

爱美老师

- 通过观察小光平时的情况及对小光进行直接访谈获得的信息，我们推测，她出现的问题行为是为了逃避失败或不安的情绪。针对小光的问题行为的功能评估的详细内容，我整理在第 106 页的图中了。

- 像爱美老师对小光那样，通过与孩子本人进行直接访谈，有时我们可以获得只有孩子自己才知道的信息。
- 可能的话，我们可以考虑让需要支持的孩子直接参与功能评估和制订行为支持计划的整个过程。

参考"用 ABA 解决！流程示意图"，
练习思考解决方案！

实例 6 中的爱美老师咨询关于小光的问题行为反复发生的情况。小光的问题行为的目的是逃避预计会失败的活动。

解决 步骤 2 设定目标 —— **2. 替代行为** p.55
（以适当行为为目标替代问题行为）

⇒ **要点1** 设定目标时，教给孩子可接受的逃避方式作为"替代行为"（短期目标），培养孩子迎接挑战的"期望行为"（长期目标）。

⇒ **要点2** 替代行为应具有与"问题行为相同的功能"。

⇒ **要点3** 在考虑替代行为的同时，应考虑长期目标（"期望行为"）。

- 您正在支持的孩子，已经能够做出"与问题行为具有相同功能的替代行为"了吗？如果还不能，那么您需要进行指导教学。
- 问题行为的功能大致分为"获取某物"和"逃避某事"。您可以设法引导孩子通过"非问题行为"的方式实现这些目的。
- 您已经设定作为长期目标的"期望行为"了吗？

佳老师

- 对于小真，我们设定了"适当地提出请求或与对方进行协商"，作为短期目标的"替代行为"。
- 然而，由于他提出的要求并不总能立即得到满足，我们也不能保证一切都如其所愿，因此，我们设定了"等待"和"通过接受其他物品实现妥协"，作为长期目标的"期望行为"。

爱美老师

- 对于小光，我们设定了"在获得许可后再去保健室"，作为短期目标的"替代行为"。
- 然而，总是跑到保健室，有可能会耽误小光在学校学习各种新事物，因此，我们向她讲解了"挑战困难的事情"和"即使失败也要在获得帮助的情况下完成"的重要性，并将其设定为长期目标。

> 参考"用 ABA 解决！流程示意图"，
> 练习思考解决方案！

解决步骤 3 制订并执行策略
- 3. 三种策略　p.41
- 4. 行动支持计划　p.48
- 5. 行为支持计划的评估与修正　p.55

⇒ **要点1**　考虑预防措施。

⇒ **要点2**　制订指导作为短期目标的"替代行为"和作为长期目标的"适当行为"的计划。

⇒ **要点3**　考虑问题行为发生后的应对措施。

⇒ **要点4**　对方案的可行性进行评估。

⇒ **要点5**　制订评估和修正的计划。

- 您思考过针对行为前提的预防策略吗？预防策略大致可分为以下三种：
  ① 消除引发问题行为的情境。
  ② 减少引发问题行为的情境。
  ③ 创造引发适当行为的情境。
- 您可以针对支持对象的实际情况制订具体的计划。
- 您觉得存在可能间接影响问题行为的因素吗？您可以参考第 50 页图 2-3，调整可能存在的因素以预防问题行为的发生。
- 您已经计划好教授"替代行为"或"期望行为"的方法了吗？您可以参考第 2 章的内容制订具体计划。与问题行为相比，您在强化替代行为和期望行为时，应该采用更确定、更显著、更迅速的方式。
- 在现场提供支持时您制订的策略真的可行吗？您可以参考第 52 页图 2-4，检查该方案执行时所需要的条件，必要时做出调整，确保这是一个可执行的策略。
- 您可以在制订评估支持效果并修正的计划时，参考第 55 页的内容，记录目标行为，并用可视化的图表呈现出来，以便将支持前后的情况进行对比，然后参考第 56 页图 2-6，根据实际情况做出决策。

佳老师
- 在支持小真的过程中，我与融合教育班的小茜老师的合作是重要的一点。
- 我将小真在融合教育班学习的内容引入了普通班，这促进了技能的泛化。

爱美老师
- 通过"交流笔记"，小光与我能够以不被周围同学察觉的方式进行个别化的交流，这点非常好。
- 虽然小光的问题是容易产生焦虑，但我们先改变的是她的"行为"，最终发现她的"情感"和"思考方式"也随之改变了。

实例 7 班级全体学生都不听话

禾老师
（小学六年级普通班的班主任）

关键词 ABC 分析

禾 老 师♥ 我班上的学生都不听从我的指令。一开始只有几名学生不听话，但后来这个问题逐渐扩散到整个班级。我完全力不从心，现在班级已经一团糟了。

贤一老师♣ 关于"您希望学生做到，但他们未能做到的行为"和"您希望学生停止，但他们仍继续做的行为"，您能举几个例子吗？

禾 老 师♥ "他们未能做到的行为"有很多，例如，"开始上课了也不回教室""上课时没有做好课前准备""不认真完成班级集体任务和值日生任务""不遵守课堂发言规则"等。这么说着说着，我觉得他们不去做的事情实在太多了。

贤一老师♣ 那么您"希望他们停止的行为"呢？

禾 老 师♥ 有很多是与刚才提到的"他们未能做到的行为"相反的情况，例如，"休息时间结束了，还继续玩""开始上课了，都还没有安静下来""在班级集体任务和值日活动中胡闹""上课时很多人不经允许就发言，或者私下交谈"等。

贤一老师♣ 禾老师，同一个问题有正反两面，它们之间的相互关系非常重要。他们一旦能够做出那些"未能做到的行为"，那么那些"应该停止的行为"就自然会减少。

禾 老 师♥ 我也很烦自己总是责备他们。现在听到您说"增加适当行为，问题行为就会减少"，我又有了信心。

贤一老师♣ 嗯。禾老师，刚才您提到"一开始只有几名学生不听话，但后来这个问题逐渐扩散到整个班级"，能详细说说这个情况吗？

> **参考第2章讲解的步骤解决问题**
>
> 解决 步骤 3 — 制订并执行策略 — 3. 三种策略 p.41
> （制订三种策略："预防""行为教导"和"行为后处理"）
>
> 贤一老师♣

禾 老 师♥ 好的。我班上有一个叫小明的同学，他本来就比较闹腾，开始只有他不听话，其他学生都没问题。后来一个叫小隆的男生开始学着他不听话。再后来一个叫小悠的女生也开始说一些顶撞我的话，然后，小优和小阳这两个学生也开始效仿，最后，整个班级出现了一种"老师的话不必听"的氛围。

对问题的理解与解决问题的角度

贤一老师♣ 您刚才列举的一些问题可以被设定为具体的行为问题。例如，整理成以下三个行为问题，"在休息时间结束时，做好上课准备，并顺利地开始上课""主动并适当地参与班级集体活动和值日活动""上课时遵守发言规则，不私下交谈"，对吗？

禾 老 师♥ 是这样的……但是，需要管理的人实在太多了，我一个人无法应对。

贤一老师♣ 您说得没错。在班里只有一位老师的情况下，对这么多学生同时进行个别化的支持是不可能的。因此，我们暂时将"个别化支持"放到一边，先考虑面向整个班级的方法。

禾 老 师♥ ABA不是只针对个人的吗？

贤一老师♣ 实际上，ABA也可以被应用于"集体"。我们可以同时采取面向"集体"的方法和面向"个人"的方法，这样往往可以更有效地解决问题。

支持计划的制订

首先,禾老师将上面整理的三个行为问题明确设定为"班级目标",并向全班学生传达。在这个过程中,为了让六年级的学生能够加深对"实现自身目标的重要性""实现目标的好处和不实现的弊端"等内容的理解,禾老师详细且清晰地阐述了进入中学后学生需要掌握的技能。

为了实现目标,与学生一起思考

随后,禾老师将每个行为的 A、B、C 具体化,并逐步将其付诸实践。例如,禾老师与学生一起讨论并确定具体的目标行为是什么,并将其做成海报张贴在教室里(针对"A"的方法);禾老师对班级集体活动进行了任务分析,并在全班开展实景练习,对于未能达到目标的学生,禾老师设计了系统的辅助计划(针对"B"的方法);禾老师设计了视觉化图表,根据目标完成度向整个班级展示奖励计划(针对"C"的方法)。

关于对全班学生的奖励,禾老师会统计达到目标的学生人数,并将其制作成柱状图。这张大图表会被张贴在教室侧面的墙上。为了避免同学之间互相抱怨,禾老师不会透露哪些学生达到了目标,哪些学生未达到。此外,在每天放学前,禾老师会与全班学生就当天的表现进行一次回顾,并鼓励学生自己设定目标。当目标实现了的时候,禾老师会给予达到目标的学生赞扬和认可。而对于未实现目标的学生,禾老师并不会指责,而是提供具体建议,指导学生如何改进。

支持的成果

禾老师的这个新的干预计划开始实施后不久,大多数学生的行为都变得积极了。课间休息时间一结束,马上回到教室的学生人数大幅增加,做好课前准备的学生人数也增加了,禾老师感觉上课开始变得顺利了。此外,上课时交头接耳的情况大为减少,参与班级集体活动的学生人数大幅增加。

禾老师之前提到名字的那几名学生起初的改变并没有那么快,但是渐渐地,他们的行为被全班学生带动了,最终得到了改善。只有小明一个人还不听话。现在,禾老师计划为小明提供个别化支持。

阻止个人攻击，解释支持的重要性

在干预开始一段时间后，班上出现了一些指责、攻击其他同学的声音，比如，"嘿！又是因为×××，图表上的成绩柱变矮了！""你别太过分了！大家都在做，你也应该认真点儿！"为此，禾老师向全班学生做了讲解，"如果不分青红皂白就直接责备别人，会让对方不再愿意做本来要做的事情。""巧妙地支持尚未努力的同学是咱们全班的任务。"禾老师教授了为还不够积极的学生提供辅助的方法，而且告诉大家，比起会带来不满的抱怨，互相表达感激之情才更重要。

禾老师向六年级其他班的两位老师介绍了自己的做法，讲解了目前在班上实行这套行为干预方案的理论背景和具体措施，这两位老师听了之后，都对这样的干预产生了浓厚兴趣，决定将这套方案扩展到整个年级。

讲解

本书之前所介绍的行为评估和支持的方法，原则上都是针对"个人"的。然而，在禾老师遇到的问题中，需要支持的学生人数太多，考虑到实际情况，对每名学生都开展个别化支持是不可能的。类似的情况在学生人数相对较多的普通班可能经常会出现，在这种情况下，我们应该优先考虑针对"集体"开展的支持方法。

当然，"集体"也是由具有不同个性的"个人"组成的，因此，并不是所有人对某个方法都会做出相同的反应，方法的选择要因人而异。然而，像禾老师遇到的这种情况，也就是，班级整体出现了问题，那么，"朝着整体改善的方向努力"就显得尤为重要。

这种针对集体的支持方法通常对大多数学生都有效。而对于其中未能显效的学生，我们可以同时考虑为其提供个别化支持。

团队合作正在扩展

在本实例中，同年级其他班的老师对禾老师的实践和成果给予了关注，这样的干预方法已经被扩展到了整个年级。

目前，在一些发达国家，"学校范围内的积极行为支持"（School Wide Positive Behavior Support，SWPBS）正在成为一种潮流，这是一种在整个学校内开展多层次干预的策略，日本也逐渐开始实践。

> 参考"用 ABA 解决！流程示意图"，练习思考解决方案！

本实例来自我为禾老师提供的咨询服务，面对的是"全班学生都不听话"的问题。我们将再次参考第 1 章讲解的"ABC 分析"考虑解决方案。

解决 步骤 3　制订并执行策略　3. 三种策略 p.41
（制订三种策略："预防""行为教导"和"行为后处理"）

禾老师遇到的班级问题是，"全体学生都不听话""整个班级的学生都难以遵循老师的指令"。这一次，我们将针对"整个班级"的情况，尝试思考"他们不做"的原因。

⇒ **要点 1**　将班级的整体问题具体分为"行为问题"中的"不做的行为"和"不停止的行为"。

⇒ **要点 2**　如果有多个要处理的行为，我们应该考虑优先顺序，即优先处理会对整体产生良好影响或易于实施的行为。

⇒ **要点 3**　进行 ABC 分析。

⇒ **要点 4**　针对 A、B、C 分别制订方案并执行。

- 您的班级存在哪些问题？有哪些"不做的行为"是问题，又有哪些"不停止的行为"是问题？您可以将班级的情况设定为具体的行为，并进行整理。
- 与对个人的行为一样，您同样需要对整个班级的行为问题进行 ABC 分析，分析"不做的行为"的原因针对的是 A、B、C 的哪些方面？
- 基本的应对策略与实例 1 中所讨论的一样，我们会采取"明确告知什么是适当行为"（A）、"多练习还做不好的行为"（B）、"强化出现的适当行为"（C）的支持策略。

禾老师

- 我原本认为对于班上这种"一团糟"的局面已经到了"无计可施"的地步，但通过将其整理成三个行为问题，我发现"原来有计可施"。
- 当我们把糟糕的局面看作"行为问题"时，就可以进行 ABC 分析，进一步细化问题。这也能让我们思考出更具体的解决方案。
- "集体"是"个人的集合"，使用针对整个班级的方法时肯定会遇到个人差异的问题。然而，我们已经认识到首先做好"整体提升"多么重要。

3 Step de Koudou Mondai wo Kaiketsu suru Handbook
© Kenichi Ohkubo 2019
First published in Japan 2019 by Gakken E-mirai Co., Ltd., Tokyo
Simplified Chinese translation rights arranged with Gakken Inc.
through Japan UNI Agency, Inc.

北京市版权局著作权合同登记号：图字01-2024-4005号

图书在版编目（CIP）数据

三步解决学生问题行为 /（日）大久保贤一著；任文心，秋爸爸译. -- 北京：华夏出版社有限公司，2025. --（ABA入门）. -- ISBN 978-7-5222-0916-6

Ⅰ. B844.1

中国国家版本馆CIP数据核字第2025H60K87号

三步解决学生问题行为

作　　者	[日]大久保贤一
译　　者	任文心　秋爸爸
责任编辑	张冬爽
特邀编辑	贾晨娜
责任印制	顾瑞清
出版发行	华夏出版社有限公司
经　　销	新华书店
印　　装	三河市少明印务有限公司
版　　次	2025年7月北京第1版　2025年7月北京第1次印刷
开　　本	787×1092　1/16开
印　　张	8.5
字　　数	151千字
定　　价	49.00元

华夏出版社有限公司　地址：北京市东直门外香河园北里4号　邮编：100028
网址：www.hxph.com.cn　电话：(010) 64663331（转）
若发现本版图书有印装质量问题，请与我社营销中心联系调换。

书号	书名	作者	定价
	教养宝典		
0868	积极行为支持教养手册：解决孩子的挑战性行为（第2版）	[美]Meme Hieneman 等	78.00
0846	做不吼不叫的父母：儿童教养的105个秘诀	林煜涵	49.00
*0829	早期干预丹佛模式辅导与培训家长用书	[美]Sally J. Rogers 等	98.00
*8607	孤独症儿童早期干预丹佛模式（ESDM）	[美]Sally J.Rogers 等	78.00
*0461	孤独症儿童早期干预准备行为训练指导	朱璟、邓晓蕾等	49.00
*0748	孤独症儿童早期干预：从沟通开始	[英]Phil Christie 等	49.00
*0119	孤独症育儿百科：1001个教学养育妙招（第2版）	[美]Ellen Notbohm	88.00
*0511	孤独症谱系障碍儿童关键反应训练掌中宝	[美]Robert Koegel 等	49.00
9852	孤独症儿童行为管理策略及行为治疗课程	[美]Ron Leaf 等	68.00
*9496	地板时光：如何帮助孤独症及相关障碍儿童沟通与思考	[美]Stanley I. Greensp 等	68.00
*9348	特殊需要儿童的地板时光：如何促进儿童的智力和情绪发展		69.00
*9964	语言行为方法：如何教育孤独症及相关障碍儿童	[美]Mary Barbera 等	49.00
*0419	逆风起航：新手家长养育指南	[美]Mary Barbera	78.00
9678	解决问题行为的视觉策略	[美]Linda A. Hodgdon	68.00
9681	促进沟通技能的视觉策略		59.00
9991	做看听说（第2版）：孤独症谱系障碍人士社交和沟通能力	[美]Kathleen Ann Quill 等	98.00
*9489	孤独症儿童的行为教学	刘昊	49.00
*8958	孤独症儿童游戏与想象力（第2版）	[美]Pamela Wolfberg	59.00
*0293	孤独症儿童同伴游戏干预指南：以整合性游戏团体模式促进		88.00
9324	功能性行为评估及干预实用手册（第3版）	[美]Robert E. O'Neill 等	49.00
*0170	孤独症谱系障碍儿童视频示范实用指南	[美]Sarah Murray 等	49.00
*0177	孤独症谱系障碍儿童焦虑管理实用指南	[美]Christopher Lynch	49.00
8936	发育障碍儿童诊断与训练指导	[日]柚木馥、白崎研司	28.00
*0005	结构化教学的应用	于丹	69.00
*0149	孤独症儿童关键反应教学法（CPRT）	[美]Aubyn C. Stahmer 等	59.80
*0402	孤独症及注意障碍人士执行功能提高手册	[美]Adel Najdowski	48.00
*0167	功能分析应用指南：从业人员培训指导手册	[美]James T. Chok 等	68.00
	生活技能		
*0673	学会自理：教会特殊需要儿童日常生活技能（第4版）	[美] Bruce L. Baker 等	88.00
*0130	孤独症和相关障碍儿童如厕训练指南（第2版）	[美]Maria Wheeler	49.00
*9463/66	发展性障碍儿童性教育教案集/配套练习册	[美] Glenn S. Quint 等	71.00
*9464/65	身体功能障碍儿童性教育教案集/配套练习册		103.00
*0512	孤独症谱系障碍儿童睡眠问题实用指南	[美]Terry Katz 等	59.00
*05476	特殊儿童安全技能发展指南	[美]Freda Briggs	59.00
*8743	智能障碍儿童性教育指南		68.00
*0206	迎接我的青春期：发育障碍男孩成长手册	[美]Terri Couwenhoven	29.00
*0205	迎接我的青春期：发育障碍女孩成长手册		29.00
*0363	孤独症谱系障碍儿童独立自主行为养成手册（第2版）	[美]Lynn E.McClannahan 等	49.00

书号	书名	作者	定价
	**转衔|职场**		
*0462	孤独症谱系障碍者未来安置探寻	肖扬	69.00
*0296	长大成人：孤独症谱系人士转衔指南	[加]Katharina Manassis	59.00
*0528	走进职场：阿斯伯格综合征人士求职和就业指南	[美]Gail Hawkins	69.00
*0299	职场潜规则：孤独症及相关障碍人士职场社交指南	[美]Brenda Smith Myles 等	49.00
*0301	我也可以工作！青少年自信沟通手册	[美]Kirt Manecke	39.00
*0380	了解你，理解我：阿斯伯格青少年和成人社会生活实用指南	[美]Nancy J. Patrick	59.00
	**与星同行**		
0819	与 ADHD 共处	[日]司马理英子	59.80
0732	来我的世界转一转：漫话 ASD、ADHD	[日]岩濑利郎	59.00
0828	面具下的她们：ASD 女性的自白（第 2 版）	[英]Sarah Hendrickx 等	59.80
*0818	看见她们：ADHD 女性的困境	[瑞典]Lotta Borg Skoglund	49.00
0614	这就是孤独症：事实、数据和道听途说	黎文生	49.90
*0428	我很特别，这其实很酷！	[英]Luke Jackson	39.00
*0302	孤独的高跟鞋：PUA、厌食症、孤独症和我	[美]Jennifer O'Toole	49.90
*0408	我心看世界（第 5 版）	[美]Temple Grandin 等	59.00
*7741	用图像思考：与孤独症共生	^	39.00
*9800	社交潜规则（第 2 版）：以孤独症视角解读社交奥秘	^	68.00
0722	孤独症大脑：对孤独症谱系的思考	^	49.90
*0109	红皮小怪：教会孩子管理愤怒情绪	[英]K.I.Al-Ghani 等	36.00
*0108	恐慌巨龙：教会孩子管理焦虑情绪	^	42.00
*0110	失望魔龙：教会孩子管理失望情绪	^	48.00
*9481	喵星人都有阿斯伯格综合征	[澳]Kathy Hoopmann	38.00
*9478	汪星人都有多动症	^	38.00
*9479	喳星人都有焦虑症	^	38.00
9002	我的孤独症朋友	[美]Beverly Bishop 等	30.00
*9000	多多的鲸鱼	[美]Paula Kluth 等	30.00
*9001	不一样也没关系	[美]Clay Morton 等	30.00
*9003	本色王子	[德]Silke Schnee 等	32.00
9004	看！我的条纹：爱上全部的自己	[美]Shaina Rudolph 等	36.00
*0692	男孩肖恩：走出孤独症	[美]Judy Barron 等	59.00
8297	虚构的孤独者：孤独症其人其事	[美]Douglas Biklen	49.00
9227	让我听见你的声音：一个家庭战胜孤独症的故事	[美]Catherine Maurice	39.00
8762	养育星儿四十年	[美]蔡张美铃、蔡逸周	36.00
*8512	蜗牛不放弃：中国孤独症群落生活故事	张雁	28.00
0697	与自闭症儿子同行 1：原汁原味的育儿	[日]明石洋子	49.00
0845	与自闭症儿子同行 2：通往自立之路	[日]明石洋子	49.00
7218	与自闭症儿子同行 3：为了工作，加油！	[日]明石洋子	49.00

书号	书名	作者	定价
	孤独症入门		
*0137	孤独症谱系障碍：家长及专业人员指南	[英]Lorna Wing	59.00
*9879	阿斯伯格综合征完全指南	[英]Tony Attwood	78.00
*9081	孤独症和相关沟通障碍儿童治疗与教育	[美]Gary B. Mesibov	49.00
0916	三步解决学生问题行为	[日]大久保贤一	49.00
0831	问题行为应对实战图解	[日]井泽信三	39.00
0713	融合幼儿园教师实战图解	[日]永富大铺 等	49.00
*0157	影子老师实战指南	[日]吉野智富美	49.00
*0014	早期密集训练实战图解	[日]藤坂龙司 等	49.00
*0116	成人安置机构ABA实战指南	[日]村本净司	49.00
*0510	家庭干预实战指南	[日]上村裕章 等	49.00
*0107	孤独症孩子希望你知道的十件事（第3版）	[美]Ellen Notbohm	49.00
*9202	应用行为分析入门手册（第2版）	[美]Albert J. Kearney	39.00
*0356	应用行为分析和儿童行为管理（第2版）	郭延庆	88.00
	新书预告		
时间	书名	作者	估价
2025.06	与ADHD共处（成人篇）	[日]司马理英子	59.00
2025.06	与ADHD共处（女性篇）	[日]司马理英子	59.00
2025.07	孤独症学生的融合教育策略	[美]Barbara Boroson	59.00
2025.07	融合教育理念与实践	[美]Lee Ann Jung）等	49.00
2025.07	融合教育学科教学策略：直接教学	[美]Anita L. Archer 等	88.00
2025.07	融合环境中的教师协作	[美]Heather Friziellie 等	49.00
2025.08	儿童行为管理中的罚时出局	[德]Corey C. Lieneman	39.00
2025.08	重掌失控人生:注意缺陷多动障碍成人自救手册	[美]Russell A. Barkley	88.00
2025.08	学习困难学生的阅读理解教学（第3版）	[美]Sharon Vaughn 等	78.00
2025.10	沟通障碍导论（第7版）	[美]Robert E. Owens 等	198.00
2025.12	家有挑食宝贝：行为分析帮助家长解决挑食难题	[美]Keith E. Williams	59.00
2025.12	融合学校干预反应模式实践手册	[美]Austin Buffum	78.00

关注华夏特教，获取新书资讯

书号	书名	作者	定价
	经典教材|学术专著		
*0488	应用行为分析（第3版）	[美]John O. Cooper 等	498.00
*0470	特殊教育和融合教育中的评估（第13版）	[美]John Salvia 等	168.00
*0464	多重障碍学生教育：理论与方法	盛永进	69.00
9707	行为原理（第7版）	[美]Richard W. Malott 等	168.00
*0449	课程本位测量实践指南（第2版）	[美]Michelle K. Hosp 等	88.00
*9715	中国特殊教育发展报告（2014-2016）	杨希洁、冯雅静、彭霞光	59.00
*8202	特殊教育辞典（第3版）	朴永馨	59.00
0802	特殊教育和行为科学中的单一被试设计（第3版）	[美]David Gast	168.00
0490	教育和社区环境中的单一被试设计	[美]Robert E.O'Neill 等	68.00
0127	教育研究中的单一被试设计	[美]Craig Kenndy	88.00
*8736	扩大和替代沟通（第4版）	[美]David R. Beukelman 等	168.00
0643	行为分析师执业伦理与规范（第4版）	[美]Jon S. Bailey 等	98.00
0770	优秀行为分析师必备25项技能（第2版）	[美]Jon S.Bailey 等	78.00
*8745	特殊儿童心理评估（第2版）	韦小满、蔡雅娟	58.00
0433	培智学校康复训练评估与教学	孙颖、陆莎、王善峰	88.00
	社交技能		
0758	孤独症儿童社交、语言和行为早期干预家庭游戏PLAY模式	[美]Richard Solomon	128.00
0703	直击孤独症儿童的核心挑战：JASPER模式	[美]Connie Kasari 等	98.00
*0468	孤独症人士社交技能评估与训练课程	[美]Mitchell Taubman 等	68.00
*0575	情绪四色区：18节自我调节和情绪控制能力培养课	[美]Leah M.Kuypers	88.00
*0463	孤独症及相关障碍儿童社会情绪课程	钟卜金、王德玉、黄丹	78.00
*9500	社交故事新编（十五周年增订纪念版）	[美]Carol Gray	59.00
*0151	相处的密码：写给孤独症孩子的家长、老师和医生的社交故事		28.00
*9941	社交行为和自我管理：给青少年和成人的5级量表	[美]Kari Dunn Buron 等	36.00
*9943	不要！不要！不要超过5！：青少年社交行为指南		28.00
*9942	神奇的5级量表：提高孩子的社交情绪能力（第2版）		48.00
*9944	焦虑，变小！变小！（第2版）		36.00
*9537	用火车学对话：提高对话技能的视觉策略	[美] Joel Shaul	36.00
*9538	用颜色学沟通：找到共同话题的视觉策略		42.00
*9539	用电脑学社交：提高社交技能的视觉策略		39.00
*0176	图说社交技能（儿童版）	[美]Jed E.Baker	88.00
*0175	图说社交技能（青少年及成人版）		88.00
*0204	社交技能培训手册：70节沟通和情绪管理训练课		68.00
*0150	看图学社交：帮助有社交问题的儿童掌握社交技能	徐磊 等	88.00

华夏特教系列丛书

书号	书名	作者	定价
\multicolumn{4}{c}{融合教育}			
*0561	孤独症学生融合学校环境创设与教学规划	[美]Ron Leaf 等	68.00
0771	融合教育学校校长手册	[美]Julie Causton 等	59.00
0652	融合教育教师手册		69.00
0709	融合教育助理教师手册（第2版）		69.00
0801	特殊需要学生的融合教育支持	[美]Toby Karten	49.00
*9228	融合学校问题行为解决手册	[美]Beth Aune	30.00
*9318	融合教室问题行为解决手册		36.00
*9319	日常生活问题行为解决手册		39.00
0686	孤独症儿童融合教育生态支持的本土化实践创新	王红霞	98.00
*9210	资源教室建设方案与课程指导		59.00
*9211	教学相长：特殊教育需要学生与教师的故事		39.00
*9212	巡回指导的理论与实践		49.00
9201	你会爱上这个孩子的！：在融合环境中教育孤独症学生（第	[美]Paula Kluth	98.00
0891	巧用孤独症学生兴趣的20个方法"给他鲸鱼就好！"		49.00
*0013	融合教育学校教学与管理	彭霞光、杨希洁、冯雅静	49.00
0542	融合教育中自闭症学生常见问题与对策	上海市"基础教育阶段自闭症学生支持服务体系建设"项目组	49.00
0871	学习困难学生教育指导手册	"挑战学习困难"丛书 主编：赵微	59.00
0753	小学一年级认知教育活动（教师用书）		59.00
0752	小学一年级认知教育活动（学生用书）		49.00
0754	小学二年级认知教育活动（教师用书）		59.00
0755	小学二年级认知教育活动（学生用书）		49.00
0834	学习困难学生基础认知能力提升研究与实践	刘朦朦	59.00
*7809	特殊儿童随班就读师资培训用书	华国栋	49.00
*0348	学校影子老师简明手册	[新加坡]廖越明 等	39.00
*8548	融合教育背景下特殊教育教师专业化培养	孙颖	88.00
*0078	遇见特殊需要学生：每位教师都应该知道的事		49.00
9329	融合教育教材教法	吴淑美	59.00
9330	融合教育理论与实践		69.00
9497	孤独症谱系障碍学生课程融合（第2版）	[美]Gary Mesibov	59.00
8338	靠近另类学生：关系驱动型课堂实践	[美]Michael Marlow 等	36.00

标*书籍均有电子书（2025.06）

华夏特教线上知识平台：

华夏特教公众号

华夏特教小红书

华夏特教视频号

"在线书单"二维码

微信公众平台：HX_SEED（华夏特教）
微店客服：13121907126
天猫官网：hxcbs.tmall.com
意见、投稿：hx_seed@hxph.com.cn
联系地址：北京市东直门外香河园北里 4 号（100028）